2019
农业资源环境保护与农村能源发展报告

农业农村部农业生态与资源保护总站 编

U0260478

中国农业出版社
北 京

图书在版编目（CIP）数据

2019农业资源环境保护与农村能源发展报告／农业
农村部农业生态与资源保护总站编. —北京：中国农业
出版社，2020.1
ISBN 978-7-109-27044-2

Ⅰ. ①2… Ⅱ.①农… Ⅲ.①农业环境保护－研究报
告－中国－2019②农村能源－研究－中国－2019 Ⅳ.
①X322.2②F323.214

中国版本图书馆CIP数据核字（2020）第119535号

2019农业资源环境保护与农村能源发展报告
2019 NONGYE ZIYUAN HUANJING BAOHU YU NONGCUN NENGYUAN FAZHAN BAOGAO

中国农业出版社出版
地址：北京市朝阳区麦子店街18号楼
邮编：100125
责任编辑：刘 伟 胡烨芳
责任校对：赵 硕
印刷：中农印务有限公司
版次：2020年1月第1版
印次：2020年1月北京第1次印刷
发行：新华书店北京发行所
开本：889mm×1194mm 1/16
印张：6.75
字数：200千字
定价：120.00元

编委会

主　　编：王久臣

副 主 编：李　波　　高尚宾　　吴晓春　　李少华　　闫　成

　　　　　陈彦宾　　李　想

编写人员（以姓氏笔画为序）：

万小春　　王　飞　　王　利　　王　海　　王全辉

王瑞波　　石祖梁　　朱平国　　刘代丽　　许丹丹

孙仁华　　孙玉芳　　孙建鸿　　李冰峰　　李垚奎

李惠斌　　李景明　　宋成军　　张宏斌　　陈宝雄

郑顺安　　倪润祥　　徐文勇　　徐志宇　　黄宏坤

靳　拓　　管大海　　薛颖昊

执行编辑：朱平国　　孙玉芳　　孙建鸿　　许丹丹　　尹建锋

　　2018年，全国生态环境保护大会在北京召开，习近平总书记出席会议并发表重要讲话，强调要加大力度推进生态文明建设、解决生态环境问题，坚决打好污染防治攻坚战，推动我国生态文明建设迈上新台阶。中央先后出台了《关于全面加强生态环境保护　坚决打好污染防治攻坚战的意见》《乡村振兴战略规划（2018—2022年）》《打赢蓝天保卫战三年行动计划》《农村人居环境整治三年行动方案》等重要文件，颁布实施了《中华人民共和国土壤污染防治法》等法律法规，为进一步加强农业资源环境保护和农村能源建设、推动乡村振兴战略实施、打好污染防治攻坚战、促进农业绿色发展工作指明了发展方向，带来了新的机遇。

　　农业农村部认真贯彻落实中央有关决策部署，印发了《关于深入推进生态环境保护工作的意见》《关于支持长江经济带农业农村绿色发展的实施意见》《农业绿色发展技术导则（2018—2030年）》《全国农业污染源普查方案》等文件；联合有关部门印发了《农业农村污染治理攻坚战行动计划》《关于加快推进长江经济带农业面源污染治理的指导意见》《农村人居环境整治村庄清洁行动方案》《关于推进农村"厕所革命"专项行动的指导意见》《畜禽养殖废弃物资源化利用工作考核办法（试行）》《国家土壤环境监测网农产品产地土壤环境监测工作方案（试行）》等文件；组织召开了全国改善农村人居环境工作会议、国家农业可持续发展试验示范区建设工作座谈会、全国果菜茶有机肥替代化肥推进落实会、农膜回收行动工作推进会、东北地区秸秆处理现场会、全国残膜污染综合治理技术现场会、全国畜禽养殖废弃物资源化利用现场会、深入学习浙江"千万工程"经验全面扎实推进农村人居环境整治会议等，为加快推进农业资源环境保护与农村能源建设各项工作提供了重要保障。

　　各级农业资源环境保护和农村能源管理与推广服务机构立足自身职能，发挥专业优势，进一步聚焦重点领域和关键环节，积极推进耕地土壤污染防治，参与实施耕地质量保护与提升行动；继续开展秸秆综合利用试点、农膜回收行动和畜禽粪污资源化利用整县推进工作；着力强化农业野生植物保护和外来入侵物种防控；全面开展第二次农业污染源普查；稳步推进规模化生物天然气试点项目；积极参与农村人居环境整治工作和村庄清洁行动；认真做好化肥减量增效示范和果、菜、茶病虫全程绿色防控试点。在实施乡村振兴战略、促进农业绿色发展中，发挥了不可替代的重要作用。

　　为积极宣传农业资源环境保护和农村能源建设一年来取得的工作成效，总结交流各地的典型做法和经验，农业农村部农业生态与资源保护总站组织编写了《2019农业资源环境保护与农村能源发展报告》（以下简称《报告》）。《报告》系统回顾了2018年农业资源环境保护和农村能源建设领域取得的主要成绩，收集汇总了相关领域出台的重要政策文件，梳理了重要的会议活动，整理了有关统计数据资料等。在《报告》编写过程中，我们得到了农业农村部科技教育司的大力支持和精心指导，各地农业资源环境保护和农村能源管理与推广机构为《报告》的编写提供了大量数据、案例和研究成果，在此一并表示感谢。

由于各种原因，草原生态、渔业资源环境、耕地保护等相关行业领域的工作情况与数据资料没有纳入本《报告》，敬请知悉。

编　者

2019年10月

目录 CONTENTS

特别关注

深入开展农村人居环境整治
加快推进乡村振兴战略实施

改善农村人居环境，建设美丽宜居乡村，是实施乡村振兴战略的一项重要任务。习近平总书记强调，农村环境整治这个事，不管是发达地区还是欠发达地区，标准可以有高有低，但最起码要给农民一个干净整洁的生活环境；要实施好农村人居环境整治三年行动方案，明确目标、落实责任，作为实施乡村振兴战略的阶段性成果。李克强总理指出，改善农村人居环境承载了亿万农民的新期待，要从实际出发、统筹规划、因地制宜、量力而行。长期以来，我国农村人居环境改善工作滞后、脏乱差问题在一些地区比较突出，与全面建成小康社会要求和农民群众期盼还有较大差距，仍然是经济社会发展的突出短板。2018年，中共中央、国务院印发的《关于实施乡村振兴战略的意见》和《乡村振兴战略规划（2018—2022年）》均强调要"持续改善农村人居环境"，并在具体政策和工作部署上提出了明确要求。中央农村工作领导小组办公室（以下简称中央农办）、农业农村部认真履行牵头组织职责，全力推进农村人居环境整治工作，实现了良好开局。

一、加强农村人居环境整治工作顶层设计

1.明确农村人居环境整治目标任务

2018年2月，中共中央办公厅、国务院办公厅印发了《农村人居环境整治三年行动方案》。方案中提出，到2020年，实现农村人居环境明显改善，村庄环境基本干净整洁有序，村民环境与健康意识普遍增强。其中，东部地区、中西部城市近郊区等有基础、有条件的地区，人居环境质量全面提升，基本实现农村生活垃圾处置体系全覆盖；基本完成农村户用厕所无害化改造，厕所粪污基本得到处理或资源化利用；农村生活污水治理率明显提高，村容村貌显著提升，管护长效机制初步建立。中西部有较好基础、基本具备条件的地区，人居环境质量较大提升，力争实现90%左右的村庄生活垃圾得到治理，卫生厕所普及率达到85%左右，生活污水乱排乱放得到管控，村内道路通行条件明显改善。地处偏远、经济欠发达等地区，在优先保障农民基本生活条件基础上，实现人居环境干净整洁的基本要求。

该方案还提出了推进农村人居环境改善的6项重点任务。一是推进农村生活垃圾治理。统筹考虑生活垃圾和农业生产废弃物利用、处理，建立健全符合农村实际、方式多样的生活垃圾收运处置体系。二是开展厕所粪污治理。合理选择改厕模式，推进厕所革命；加强改厕与农村生活污水治理的

有效衔接；鼓励各地结合实际，将厕所粪污、畜禽养殖废弃物一并处理并资源化利用。三是梯次推进农村生活污水治理。根据农村不同区位条件、村庄人口聚集程度、污水产生规模，因地制宜采用污染治理与资源利用相结合、工程措施与生态措施相结合、集中与分散相结合的建设模式和处理工艺。四是提升村容村貌。加快推进通村组道路、入户道路建设；整治公共空间和庭院环境；大力提升农村建筑风貌；加大传统村落民居和历史文化名村名镇保护力度；推进村庄绿化；完善村庄公共照明设施；深入开展城乡环境卫生整洁行动。五是加强村庄规划管理。全面完成县域乡村建设规划编制或修编，鼓励推行多规合一；推行政府组织领导、村委会发挥主体作用、技术单位指导的村庄规划编制机制。六是完善建设和管护机制。基本建立有制度、有标准、有队伍、有经费、有督查的村庄人居环境管护长效机制；推行环境治理依效付费制度，健全服务绩效评价考核机制；鼓励有条件的地区探索建立垃圾污水处理农户付费制度，完善财政补贴和农户付费合理分担机制；简化农村人居环境整治建设项目审批和招投标程序，降低建设成本，确保工程质量。

2. 健全农村人居环境整治机构职能

2018年，在党和国家机构改革中，将农村人居环境整治工作的牵头职能转移到新组建的农业农村部。在农业农村部内设农村社会事业促进司，赋予牵头组织改善农村人居环境、统筹指导村庄整治和村容村貌提升等职能。2018年9月，制订《农村人居环境整治工作分工方案》，明确由中央农办、农业农村部牵头，会同住房城乡建设部、国家发展和改革委员会（以下简称国家发展改革委）、生态环境部等14个部委共同推进农村人居环境整治工作。中央农办、农业农村部认真履行农村人居环境整治牵头职责，成立农村人居环境整治工作推进办公室，会同有关部门主动谋划、采取措施，集中力量抓好农村人居环境整治各项工作落实。其中，农村改厕工作由农业农村部和国家卫生健康委员会主抓。

3. 出台农村人居环境整治相关政策文件

2018年2月，国家发展改革委下发《关于扎实推进农村人居环境整治行动的通知》，要求各地相应发展和改革部门围绕《农村人居环境整治三年行动方案》实施工作，合理确定整治目标，明确整治主攻方向，扎实有序实施整治行动，健全工作推进机制，切实加大投入力度，完善建管长效机制，加强经验交流推广。

7月，农业农村部出台《关于深入推进生态环境保护工作的意见》，提出稳步推进农村人居环境改善，落实《农村人居环境整治三年行动方案》，建立农村人居环境改善长效机制，总结推广典型经验，学习借鉴浙江等先行地区经验，开展农村人居环境整治争创示范活动。

12月，中央农办、农业农村部等18部门印发了《农村人居环境整治村庄清洁行动方案》，提出以"清洁村庄助力乡村振兴"为主题，以影响农村人居环境的突出问题为重点，动员广大农民群众广泛参与，集中整治、着力解决村庄环境"脏乱差"问题。重点做好村庄内"三清一改"工作，即清理农村生活垃圾、清理村内塘沟、清理畜禽养殖粪污等农业生产废弃物、改变影响农村人居环境的不良习惯，广泛动员农民群众和社会各方力量进行集中整治。

12月，中央农办、农业农村部等8部门联合印发了《关于推进农村"厕所革命"专项行动的指导意见》，提出到2020年，东部地区、中西部城市近郊区等有基础、有条件的地区，基本完成农村户用厕所无害化改造；中西部有较好基础、基本具备条件的地区，卫生厕所普及率达到85%左右；地处偏远、经济欠发达等地区，卫生厕所普及率逐步提高，实现如厕环境干净整洁的基本要求。该意见中，还提出了全面摸清底数、科学编制改厕方案、合理选择改厕标准和模式、整村推进开展示范建设、强化技术支撑严格质量把关、完善建设管护运行机制、同步推进厕所粪污治理7项重点任务。

4.加大农村人居环境整治资金投入力度

中央农办、农业农村部协调财政、发改等部门，加大对农村人居环境整治的投入和推进力度，安排70亿元中央财政资金用于实施农村厕所革命整村推进奖补政策；中央预算内投资安排30亿元，专项支持中西部省份以县为单位因地制宜开展农村厕所粪污治理、生活垃圾污水治理等农村人居环境基础设施建设，有效带动各地的相关资金投入，形成了农村人居环境整治投入的合力。

5.组织开展农村人居环境整治相关活动

2018年4月，国务院在浙江省安吉县召开了全国农村人居环境整治工作会议，中共中央政治局常委、国务院总理李克强对会议作出重要批示；中共中央政治局委员、国务院副总理胡春华出席会议并讲话。与会代表参观了安吉县大荒坪镇余村，重温了习近平总书记"绿水青山就是金山银山"的发展理念，考察了安吉县农村人居环境整治工作现场。会议对改善农村人居环境各项任务进行了全面部署。

9月，中央农办、农业农村部在北京召开了学习浙江经验、深入推进农村人居环境整治工作进展情况交流会。浙江省介绍了"千村示范、万村整治"工程经验，各省（自治区、直辖市）就学习浙江经验、推进农村人居环境工作进展情况作了交流发言。会议要求农业农村系统进一步学习贯彻习近平总书记对浙江"千村示范、万村整治"工程的重要指示精神，把改善农村人居环境作为实施乡村振兴战略的重要抓手，列入工作重要议事日程；强化协作，加强统筹协调，明确责任分工，合力啃下农村人居环境整治这块硬骨头；提高本领，加强调研学习，真正成为改善农村人居环境工作的行家里手；突出重点，立足农村实际，坚持试点示范、典型引路，加强技术创新和机制保障，不断提高农村人居环境建设水平。

10月，中央农办、农业农村部、国家卫生健康委联合在山东省淄博市召开全国农村改厕工作推进现场会。中央农办主任、农业农村部部长韩长赋出席会议并讲话。会议要求按照"有序推进、整体提升、建管并重、长效运行"的基本思路，推动农村厕所建设标准化、管理规范化、运维市场化、监督社会化，引导农民养成良好如厕和卫生习惯。突出抓好全面摸清底数、科学编制建设规划、合理选择改厕标准和模式、开展试点示范、强化技术支撑、建立完善管护运行机制、同步推进厕所粪污无害化处理7个方面工作。妥善处理好短期与长期、顶层设计与分类施策、政府引导与农民参与、试点示范与面上推进等关系。北京、吉林、江苏、福建、湖北、山东的6个县（市、区）做了典型发言。与会代表现场观摩了淄博市农村户用厕所、公共厕所改造典型样板以及农村人居环境整治示范片区。会议期间还举办了全国首届农村卫生厕所新技术、新产品展示交流活动，来自全国200多家企业、科研单位和行业协会共400多名农村改厕典型县、乡代表参加了活动。

12月，中央农办、农业农村部在北京召开深入学习浙江"千万工程"经验全面扎实推进农村人居环境整治会议。中共中央政治局委员、国务院副总理胡春华出席会议并讲话。会议强调坚持以浙江"千万工程"经验为引领，扎实有序推动农村人居环境整治工作向面上推开，按时完成3年阶段性目标任务；要求地方各级党委政府把学习推广浙江经验、推进农村人居环境整治工作列入重要议事日程，切实加大投入力度，健全牵头部门抓总统筹、职能部门履职尽责的工作机制，充分发挥农民的主体作用和首创精神，形成全社会共同改善农村人居环境的强大合力。

6.加强农村人居环境整治工作督促落实

一是组织开展学习培训。组织举办了全国农业农村系统深入学习浙江"千万工程"经验全面扎实推进农村人居环境整治培训班、改善农村人居环境专题研究班、农村改厕技术专题培训等活动，带动各地开展了多种形式的培训活动。据不完全统计，2018年，仅省级层面针对农村改厕培训，累计1.5万余人次。

二是组织开展督导调研。7~9月，中央农办、农业农村部会同国家卫生健康委、住房城乡建设部、文化和旅游部等12个部门组成督导调研组，分两批对全国31个省（自治区、直辖市）开展农村人居环境整治工作督导调研，重点了解2018年各省份推进农村人居环境整治工作进展情况，主要包括《农村人居环境整治三年行动方案》重点任务落实进展、组织保障、资金投入等情况，并指导地方改进工作。

三是加强评价考核激励。9月，中央农办、农业农村部举办深入推进农村人居环境整治工作进展情况交流会，提出研究建立农村人居环境整治工作评估指标体系和办法，组织开展2018年全国农村人居环境整治工作评估。同时，贯彻落实《国务院办公厅关于对真抓实干成效明显地方进一步加大激励支持力度的通知》精神，联合财政部制定了《农村人居环境整治激励措施实施办法》，对2018年整治成效明显的19个县进行了激励。

二、鼓励各地开展农村人居环境整治探索创新

1.深入学习推广浙江"千村示范、万村整治"工程经验

2018年3月，中共中央办公厅、国务院办公厅转发《中央农办、农业农村部、国家发展改革委关于深入学习浙江"千村示范、万村整治"工程经验扎实推进农村人居环境整治工作的报告》，系统总结了浙江省实施"千村示范、万村整治"工程15年来的7个方面经验，即始终坚持以绿色发展理念引领农村人居环境综合治理；始终坚持高位推动，党政"一把手"亲自抓；始终坚持因地制宜，分类指导；始终坚持有序改善民生福祉，先易后难；始终坚持系统治理，久久为功；始终坚持真金白银投入，强化要素保障；始终坚持强化政府引导作用，调动农民主体和市场主体力量。要求各地区各部门认真学习贯彻习近平总书记的重要批示精神，贯彻落实党的十九大精神和党中央、国务院关于实施

乡村振兴战略的部署要求，学好学透、用好用活"浙江经验"，扎实推动农村人居环境整治工作早部署、早行动、早见效。

截至2018年，浙江全省实现了农村生活垃圾集中处理建制村全覆盖，卫生厕所覆盖率98.6%，规划保留村生活污水治理覆盖率100%，畜禽粪污综合利用、无害化处理率97%；做到了村庄净化、绿化、亮化、美化；造就了万千生态宜居美丽乡村，为全国农村人居环境整治树立了标杆。9月，浙江省"千村示范、万村整治"工程被联合国授予"地球卫士奖"中的"激励与行动奖"。

2. 扎实推进各地农村人居环境整治创新实践

福建省以建设美丽宜居乡村为导向，以农村垃圾、污水治理和村容村貌提升为主攻方向，实施农村"厕所革命"、农村垃圾治理行动、农村污水治理行动、农房整治行动、村容村貌提升行动等"一革命四行动"。在农村人居环境整治工作中推行项目市场化运作机制，全省90%以上的县采取捆绑打包生成"PPP"或政府购买服务项目方式，建设垃圾污水处理设施。2018年，有61个县的84个项目落地实施，投资额超过140亿元；推行负面案例警示机制，防止一些地方在整治过程中"贪大求洋"、搞"形象工程"，或照搬城市模式、脱离乡村实际、损害乡村风貌，有效避免"跑偏"问题；推行重点整治项目落实机制，实行"每周一盘点、每月一晾晒、每季一通报、半年一调度、一年一考评"的办法，加强跟踪督促，确保责任层层压实、任务压茬推进。

甘肃省围绕推进农村人居环境整治工作，实施"三大革命"，推进"六大行动"。"三大革命"指："厕所革命"，主要是合理确定改厕模式，2018年改造农村户用卫生厕所50万座以上；"垃圾革命"，主要是建立健全收运处置和回收利用体系，到2020年全省乡镇生活垃圾收集、转运、处理设施实现全覆盖，90%以上的村庄生活垃圾得到有效治理；"风貌革命"，主要是结合实施村庄清洁行动，整治村庄公共空间和农户庭院，加强乡村建筑风貌引导。"六大行动"，即农村生活污水治理行动、废旧农膜回收利用与尾菜处理行动、畜禽养殖废弃物与秸秆资源化利用行动、乡村规划行动、农村四好路建设行动和村级公益性设施共管共享行动。2018年，全省运用卫星遥感技术共排查清理农村非正规垃圾堆放点14 706处，清理陈年垃圾1 600余万吨；建成无害化垃圾填埋场158座、新型无害化垃圾处理场29座。在村社普遍建立了垃圾清扫保洁长效机制和院落卫生评比制度。

广东省加大农村人居环境整治经费投入力度。2018年，省级财政投入266亿元、各级财政投入453亿元用于人居环境整治。全省遴选20个示范县、120个示范镇、1 260个示范村开展示范创建，将85个省级新农村示范片和第一、二轮5 978个省定扶贫村，以及沿交通线、沿边界线、沿旅游景区、沿城市郊区等"四沿"地区，连片打造，发挥先行先试、示范带动作用。

河南省推动农村人居环境整治"三清一改"向纵深延伸。一是与完善市场化机制相结合，全省有85%的县实行市场化保洁，实现全域"一把扫帚扫到底"。二是向完善基础设施建设延伸，推动"三清一改"行动和道路畅通工程、"厕所革命"、森林绿化、"四水同治"相结合，加快补齐农村基础设施短板，全省规模养殖场粪污处理设施配套率达到82%以上、粪污综合利用率达到67%，投资3亿元推动完成200万户农村户厕改造和新建改建公厕7 043座。三是向创建载体延伸，建设一批"四美乡村""美丽小镇""五美庭院"。四是创新示范样板。在抓好全面整治基础上，推动1 000个行政村开展示范创建，打造一批具有河南特色的农村人居环境整治样板。

贵州省探索农村生活污水治理技术模式。2018年，以新农村建设与环境综合整治工作为抓手，开展农村生活污水治理工程技术模式探索，下达新农村建设与环境综合整治项目资金3 000万元，建设示范村20个。全省农业农村部门集成研发了山地无动力污水处理技术、太阳能微动力人工湿地处理技术、生态型立体微循环生化反应集成系统、截流式农村污水收集与面源污染控制集成系统等多种适应贵州山区农村的污水处理技术模式，建设的污水处理试点具有景观效果好、投资省、运行费用低、管理维护简单的特点。

四川省以"五大行动"为重点全面推进农村人居环境整治。重点推进农村生活垃圾治理、生活污水处理、"厕所革命"、村庄清洁行动、畜禽粪污资源化利用等五大行动，并针对五大行动分别出台了《四川省农村人居环境整治村庄清洁行动方案》《关于推进农村"厕所革命"专项行动的指导意见》等5个文件；明确了各部门的责任分工，强化目标考核，即住建厅牵头垃圾治理，生态环境厅牵头污水治理，农业农村厅牵头农村"厕所革命"、村庄清洁行动和畜禽粪污资源化利用。同时，在国家"三清一改"基础上，结合全省实际情况，提出"三清两改一提升"的村庄清洁重点任务。"三清"，即清理农村生活垃圾、清洁水源水体、清理畜禽粪污；"两改"，就是改造农村厕所和改变农村不良习惯；"一提升"，即不断提升村容村貌。

三、推动农业资源环保和农村能源体系积极参与

1.着力提供业务技术支撑

各级农业资源环保和农村能源体系充分发挥专业特长和技术优势，积极参与农村人居环境整治工作。推动印发《农业绿色发展技术导则（2018—2030年）》，加强现代农业产业技术体系与农业农村生态环境保护重点任务和技术需求相对接，促进产业与环境科技问题一体化解决。推动发布《农村生活污水处理导则》（GB/T 37071—2018），为全国农村生活污水治理提供技术支撑和建设依据。谋划申报"农村人居环境整治技术服务与提升项目"，开展以清洁能源开发利用为重点的农村人居环境整治技术试点示范。

2.加强秸秆综合利用

2018年，农业农村部、财政部继续在农作物秸秆总体产量大的省份和环京津地区开展秸秆综合利用试点，安排中央财政资金15亿元，支持12个省区168个县整县推进秸秆综合利用。深入推进东北地区秸秆处理行动，着力解决东北地区秸秆总量大、还田腐熟慢、离田成本高等突出问题。其中，黑龙江省整合省级财政资金近40亿元，带动市、县两级财政投入16.85亿元用于秸秆综合利用。2018年，全国秸秆综合利用率达83.7%。

3.推进农膜回收行动

2018年，中央财政转移支付投入4.51亿元，继续在甘肃、新疆、内蒙古3个重点用膜区建设100

个地膜回收示范县，示范面积5 500多万亩[*]，占总覆盖面积的56%。组织开展科技攻关、技术示范和服务对接工作，重点突破新疆棉田地膜机械化回收难题。组织开展全生物降解地膜对比评价筛选，在13个省份选择前3年试验中产品性能稳定、表现良好的全生物降解地膜产品开展对比评价试验。

4.推进畜禽粪污资源化利用

2018年，农业农村部印发《畜禽粪污土地承载力测算技术指南》《畜禽规模养殖场粪污资源化利用设施建设规范（试行）》，指导各地以地定畜和规模养殖场粪污资源化利用设施建设。联合生态环境部印发《畜禽养殖废弃物资源化利用工作考核办法（试行）》。推动北京等7省、市政府开展畜禽粪污资源化利用整省推进。组织实施畜禽粪污资源化利用项目，新启动204个畜牧大县整县推进工作，重点支持规模养殖场和第三方机构粪污处理利用设施建设。

在中央一系列政策措施的有效推动和各地各部门的共同努力下，农村人居环境整治工作取得积极进展。仅"厕所革命"一项，2018年，全国完成农村改厕1 000多万户，农村改厕率超过50%，其中6成以上改成了无害化卫生厕所。但是，农村人居环境整治工作是一项长期系统工程，伴随着乡村振兴全过程，需要各地各部门不断探索、总结推广。下一步，中央农办、农业农村部将会同有关部门，主动担当、强化协作、明确分工，坚持试点示范、典型引路，加强技术创新和机制保障，不断推动农村人居环境整治工作迈上新台阶。

行业聚焦

中共中央办公厅、国务院办公厅印发
《农村人居环境整治三年行动方案》
（2018年2月）

《方案》提出，到2020年，实现农村人居环境明显改善、村庄环境基本干净整洁有序、村民环境与健康意识普遍增强。东部地区、中西部城市近郊区等有基础、有条件的地区，人居环境质量全面提升，基本实现农村生活垃圾处置体系全覆盖，基本完成农村户用厕所无害化改造，厕所粪污基本得到处理或资源化利用，农村生活污水治理率明显提高，村容村貌显著提升，管护长效机制初步建立。中西部有较好基础、基本具备条件的地区，人居环境质量较大提升，力争实现90%左右的村庄生活垃圾得到治理，卫生厕所普及率达到85%左右，生活污水乱排乱放得到管控，村内道路通行条件明显改善。地处偏远、经济欠发达等地区，在优先保障农民基本生活条件基础上，实现人居环境干净整洁的基本要求。

《方案》明确了6项重点任务：

一是推进农村生活垃圾治理。统筹考虑生活垃圾和农业生产废弃物利用、处理，建立健全符合农村实际、方式多样的生活垃圾收运处置体系。有条件的地区要推行适合农村特点的垃圾就地分类和资源化利用方式。开展非正规垃圾堆放点排查整治，重点整治垃圾山、垃圾围村、垃圾围坝、工业污染"上山下乡"。

二是开展厕所粪污治理。合理选择改厕模式，推进"厕所革命"。东部地区、中西部城市近郊区以及其他环境容量较小地区村庄，加快卫生厕所建设和改造，同步实施厕所粪污治理。其他地区要按照群众接受、经济适用、维护方便、不污染公共水体的要求，普及不同水平的卫生厕所。引导农村新建住房配套建设无害化卫生厕所，人口规模较大村庄配套建设公共厕所。加强改厕与农村生活污水治理的有效衔接。鼓励各地结合实际，将厕所粪污、畜禽养殖废弃物一并处理并资源化利用。

三是梯次推进农村生活污水治理。根据农村不同区位条件、村庄人口聚集程度、污水产生规模，因地制宜采用污染治理与资源利用相结合、工程措施与生态措施相结合、集中与分散相结合的建设模式和处理工艺。推动城镇污水管网向周边村庄延伸覆盖。积极推广低成本、低能耗、易维护、高效率的污水处理技术，鼓励采用生态处理工艺。加强生活污水源头减量和尾水回收利用。以房前屋后河塘、沟渠为重点实施清淤疏浚，采取综合措施恢复水生态，逐步消除农村黑臭水体。将农村水环境治理纳入河长制、湖长制管理。

四是提升村容村貌。加快推进通村组道路、入户道路建设，基本解决村内道路泥泞、村民出行不便等问题。充分利用本地资源，因地制宜选择路面材料。整治公共空间和庭院环境，消除私搭乱建、乱堆乱放。大力提升农村建筑风貌，突出乡土特色和地域民族特点。加大传统村落民居和历史文化名村名镇保护力度，弘扬传统农耕文化，提升田园风光品质。推进村庄绿化，充分利用闲置土地组织开展植树造林、湿地恢复等活动，建设绿色生态村庄。完善村庄公共照明设施。深入开展城乡环境卫生整洁行动，推进卫生县城、卫生乡镇等卫生创建工作。

五是加强村庄规划管理。全面完成县域乡村建设规划编制或修编，与县乡土地利用总体规划、土地整治规划、村土地利用规划、农村社区建设规划等充分衔接，鼓励推行多规合一。推进实用性村庄规划编制实施，做到农房建设有规划管理、行政村有村庄整治安排、生产生活空间合理分离，优化村庄功能布局，实现村庄规划管理基本覆盖。推行政府组织领导、村委会发挥主体作用、技术单位指导的村庄规划编制机制。村庄规划的主要内容应纳入村规民约。加强乡村建设规划许可管理，建立健全违法用地和建设查处机制。

六是完善建设和管护机制。明确地方党委和政府以及有关部门、运行管理单位责任，基本建立有制度、有标准、有队伍、有经费、有督查的村庄人居环境管护长效机制。鼓励专业化、市场化建设和运行管护，有条件的地区推行城乡垃圾污水处理统一规划、统一建设、统一运行、统一管理。推行环境治理依效付费制度，健全服务绩效评价考核机制。鼓励有条件的地区探索建立垃圾污水处理农户付费制度，完善财政补贴和农户付费合理分担机制。支持村级组织和农村"工匠"带头人等承接村内环境整治、村内道路、植树造林等小型涉农工程项目。组织开展专业化培训，把当地村民培养成为村内公益性基础设施运行维护的重要力量。简化农村人居环境整治建设项目审批和招投标程序，降低建设成本，确保工程质量。

农业部召开国家农业可持续发展试验示范区建设工作座谈会
（2018年2月）

2月6日，农业部在福建省福州市召开国家农业可持续发展试验示范区建设工作座谈会，韩长赋部长出席会议并讲话。

会议强调，要深入学习领会习近平总书记关于农业绿色发展的重要指示精神，切实增强推进农业绿色发展的责任感使命感。贯彻落实《关于创新体制机制推进农业绿色发展的意见》，系统谋划探索体制机制创新，全面搭建农业绿色发展的制度体系。加快推进试验示范区创建，通过先行先试、创新机制，为农业绿色发展创造经验。

会议要求，农业部等8部委确定的第一批40个试验示范区要积极先行先试，重点治理过度养殖、过度捕捞、过度放牧、大水大肥、大水漫灌及秸秆、粪便、农膜利用效率低等问题，探索保护农业资源、产地环境、生态系统的绿色生产方式，综合运用改革、市场、科技、管理、行政推动等手段，既要在农业绿色发展方面上水平，更要在体制机制创新方面探索新路子。

农业部、环境保护部联合印发《畜禽养殖废弃物资源化
利用工作考核办法（试行）》
（2018年3月）

《办法》对考核对象、考核主体、考核内容、考核方式和考核结果使用等都做出了明确规定。考核对象为各省（自治区、直辖市）人民政府、新疆生产建设兵团。农业部会同环境

保护部组织实施考核工作。考核内容主要是畜禽养殖废弃物资源化利用重点工作开展情况与工作目标完成情况。考核采用评分法，按照自查评分、实地检查、第三方评估、综合评价的程序开展，满分100分，结果分为优秀、合格、不合格3个等级。对未通过年度考核的省（自治区、直辖市），农业部会同环境保护部约谈省（自治区、直辖市）人民政府及其相关部门有关负责人，提出整改意见。考核结果经国务院审定后，农业部会同环境保护部向各省（自治区、直辖市）人民政府通报，向社会公开。考核结果作为农业和环保相关资金分配的参考依据。

工业和信息化部、住房和城乡建设部、交通运输部、农业农村部、国家能源局、国务院扶贫办联合印发《智能光伏产业发展行动计划（2018—2020年）》（2018年4月）

《计划》提出：到2020年，智能光伏工厂建设成效显著，行业自动化、信息化、智能化取得明显进展；智能制造技术与装备实现突破，支撑光伏智能制造的软件和装备等竞争力显著提升；智能光伏产品供应能力增强并形成品牌效应，"走出去"步伐加快；智能光伏系统建设与运维水平提升并在多领域大规模应用，形成一批具有竞争力的解决方案供应商；智能光伏产业发展环境不断优化，人才队伍基本建立，标准体系、检测认证平台等不断完善。

《计划》要求开展智能光伏农业应用示范。支持光伏与农业融合发展，开展立体式经济开发，在有条件的地方实现农业设施棚顶安装太阳能组件发电、棚下开展农业生产的形式，将光伏发电与农业设施有机结合；在种养殖、农作物补光、光照均匀度与透光率调控、智能运维、高效组件开发等方面开展深度创新；鼓励探索光伏农业新兴商业模式，推进农业绿色发展，促进农民增收。

国家能源局发布《关于减轻可再生能源领域企业负担有关事项的通知》（2018年4月）

《通知》强调，电网环节要严格执行可再生能源发电保障性收购制度。其中，电网企业应与符合规划以及年度建设规模（年度实施方案）且规范办理并网手续的项目单位签订无歧视性条款的符合国家法规的并网协议，承诺按国家核定的区域最低保障性收购小时数落实保障性收购政策（国家未核定最低保障性收购小时数的区域，风电、光伏发电均按弃电率不超过5%执行）；因技术条件限制暂时难以做到的，最迟应于2020年达到保障性收购要求。对于未落实保障性收购要求的地区，国务院能源主管部门将采取暂停安排当地年度风电、光伏发电建设规模等措施控制项目开发建设节奏，有关省级能源管理部门不得将国务院能源主管部门下达的风电、光伏发电建设规模向此类地区配置。

《通知》明确，各类接入输电网的可再生能源发电项目的接网及输配电工程，全部由所在地电网企业投资建设，保障配套电网工程与项目同时投入运行。之前相关接网等输配电工程由可再生能源发电项目单位建设的，电网企业按协议或经第三方评估确认的投资额在2018年底前完成回购。所有可再生能源发电项目的电能计量装置和向电网企业传送信息的通讯设施均由电网企业出资安装。

《通知》提出，鼓励可再生能源发电企业超过最低保障性收购小时数的电量参与市场化交易。电网企业应与可再生能源发电企业签订优先发电合同。优先发电合同可以转让并按可再生能源发电企业所获经济利益不低于按国家价格主管部门核定或经招标、优选等竞争性方式确定的上网电价执行优先发电合同的原则获得相应补偿。

《通知》还从减少土地成本、降低融资成本、制止乱收费三方面要求优化投资环境。减少土地成本方面，优先利用未利用土地，鼓励按复合型方式用地，降低可再生能源项目土地等场址相关成本；村集体可以土地折价入股等方式参与项目投资，降低土地成本，并将所得收益用于支持村集体公益事业和增加农民收入。降低融资成本方面，鼓励金融机构将可再生能源开发利用纳入绿色金融体系，加大对可再生能源项目投资企业的信贷投放，建立符合可再生能源项目的信用评级和风险管控体系。制止乱收费方面，各级地方政府有关部门不得向可再生能源投资企业收取任何形式的资源出让费等费用，不得将应由地方政府承担投资责任的社会公益事业相关投资转嫁给可再生能源投资企业或向其分摊费用等。

农业农村部召开全国果菜茶有机肥替代化肥推进落实会
（2018年4月）

4月25日，农业农村部在江苏省常州市召开全国果菜茶有机肥替代化肥推进落实会。农业农村部种植业管理司、全国农业技术服务中心、农业农村部农业生态与资源保护总站（以下简称农业农村部生态总站）等单位领导出席会议。

会议提出，各地要在总结经验的基础上，加快蹚出一条有中国特色的有机肥替代化肥的路子。一要加力组织方式创新。建立责任到县的工作机制，完善新型经营主体参与机制，健全监督管理机制。二要加力技术模式创新。结合不同区域的肥源条件和果菜茶需肥特点，加快集成一批类型多样、可复制可推广的有机肥替代化肥技术模式。三要加力服务机制创新。探索形式多样、特色鲜明的服务模式，扎实有效推进果菜茶有机肥替代化肥。四要加力政策体系创新。加大有机肥替代化肥政策扶持力度，进一步提高政策的针对性、系统性、持续性。五要加力品牌基地创建。结合园艺产品提质增效工程，打造一批示范基地，强化标准化引领，推进品种改良、品质改进、品牌创建。

会议强调，推进果菜茶有机肥替代化肥，要科学谋划，突出果菜茶优势产区，扩大试点规模，提高试点层次，开展整县、整建制推进；要压实责任，抓紧制订具体实施方案，强化措施、实化技术、量化指标、细化进度；要精准指导，组织技术人员，在关键农时深入田间培训指导，着力推广农户一看就懂、一学就会的实用技术；要强化监督，坚持一月一调度、一季一碰头、半年一小结，在关键农时组织省际、县际交叉督导，推动措施落实；要宣传引领，全方位、多角度宣传果菜茶有机肥替代化肥试点的成效、经验与典型，讲好农业绿色发展故事。

全国改善农村人居环境工作会议召开
（2018年4月）

4月26日，全国改善农村人居环境工作会议在浙江省安吉县召开。

中共中央政治局常委、国务院总理李克强对会议作出重要批示。批示指出：改善农村人居环境，是实施乡村振兴战略的重大任务，也是全面建成小康社会的基本要求。各地区和相关部门要全面贯彻党的十九大精神，以习近平新时代中国特色社会主义思想为指导，认真贯彻落实习近平总书记近日关于建设好生态宜居美丽乡村的重要指示，顺应广大农民过上美好生活的期待，动员各方力量，尤其是调动农民自身的积极性，整合各种资源，强化政策措施，因地制宜，突出实效，扎实推进农村人居环境治理各项重点任务；通过持续努力，加快补齐突出短板，改善村容村貌，不断提升农村人居环境水平，为建设生态文明和美丽中国作出新贡献。

中共中央政治局委员、国务院副总理胡春华出席会议并讲话。要求深入贯彻习近平总书记重要指示精神，切实落实到农村人居环境整治三年行动各环节，推动建设生态宜居的美丽乡村。按照党中央、国务院决策部署，遵循乡村建设规律和特点，加强规划引领，因地制宜确定整治任务和建设时序，充分发挥农民主体作用，注重建管并重，持续健康向前推进。切实加强组织领导，健全长效投入机制，及时足额拨付项目资金，加强监督考核，强化示范引导，确保按时、按质完成建设任务。

与会代表参观了安吉县天荒坪镇余村，重温习近平总书记"绿水青山就是金山银山"理念，并考察了安吉县农村人居环境整治工作现场。

全国生态环境保护大会召开
（2018年5月）

5月18～19日，全国生态环境保护大会在北京召开。中共中央总书记、国家主席、中央军委主席习近平出席会议并发表重要讲话。

习近平在讲话中指出，新时代推进生态文明建设，必须坚持好人与自然和谐共生、绿水青山就是金山银山、良好生态环境是最普惠的民生福祉、山水林田湖草是生命共同体、用最严格制度、最严密法治保护生态环境、共谋全球生态文明建设等6项原则。加快构建生态文明体系，必须加快建立健全以生态价值观念为准则的生态文化体系，以产业生态化和生态产业化为主体的生态经济体系，以改善生态环境质量为核心的目标责任体系，以治理体系和治理能力现代化为保障的生态文明制度体系，以生态系统良性循环和环境风险有效防控为重点的生态安全体系。全面推动绿色发展的重点是调整经济结构和能源结构，优化国土空间开发布局，调整区域流域产业布局，培育壮大节能环保产业、清洁生产产业、清洁能源产业，推进资源全面节约和循环利用，实现生产系统和生活系统循环链接，倡导简约适度、绿色低碳的生活方式，反对奢侈浪费和不合理消费。

习近平强调，要把解决突出生态环境问题作为民生优先领域，坚决打赢蓝天保卫战，深入实施水污染防治行动计划，全面落实土壤污染防治行动计划，持续开展农村人居环境整治行动。要提高环境治理水平，充分运用市场化手段，完善资源环境价格机制，采取多种方式支持政府和社会资本合作项目，加大重大项目科技攻关，对涉及经济社会发展的重大生态环境问题开展对策性研究。要建立科学合理的考核评价体系，考核结果作为各级领导班子和领导干部奖惩和提拔使用的重要依据。对那些损害生态环境的领导干部，要真追责、敢追责、严追责，做到终身追责。要建设一支生态环境保护铁军，政治强、本领高、作风硬、敢担当，特别能吃苦、特别能战斗、特别能奉献。

农业农村部办公厅印发《全国农业污染源普查方案》
（2018年5月）

《方案》提出，本次普查要摸清农业污染源基本信息，了解和掌握不同农业污染物的区域分布和产排情况，为农业环境污染防治提供决策依据。掌握种植业、畜禽养殖业和水产养殖业生产过程中主要污染物流失量、产生量、排放量及其去向；查清地膜的使用量和残留量、秸秆的产生量和利用量。获取农业生产活动基础数据，建立农业污染源资料档案，完善农业污染源信息数据库和监测管理平台，为管控农业污染源监管提供强有力的技术支撑。明确农业污染源排放规律和主要影响因子，阐明农业污染物的动态变化趋势和分布特征，为控制农业污染、指导农业结构调整、优化农业产业布局、促进农业绿色发展提供科学依据。

《方案》对普查时点、对象内容、技术路线等都做出了明确规定。普查标准时点为2017年12月31日，时期资料为2017年度资料。普查对象为种植业源、畜禽养殖业源、水产养殖业源，以及地膜、秸秆和农业移动源。在技术线路上，以第三次全国农业普查（2016年）等已有统计数据为基础，确定抽样调查对象，开展抽样调查，获取普查年度农业生产活动基础数据。根据我国种植、畜禽养殖、水产养殖的区域布局，在第一次全国污染源普查和历年工作结果基础上，开展周年监测，建立不同区域主要农业生产活动基量与污染物产生、排放量对应关系，获取农业源污染物产排污系数。根据农业生产活动基量和产排污系数核算污染物产生量和排放量。

《方案》要求各级地方农业主管部门要成立农业污染源普查机构，组织和协调本辖区的农业污染源普查工作，落实普查地方经费；充分发挥科研院所、高校等作用，根据需要建立技术专家组，负责本辖区农业污染源普查的技术支撑；开展质量控制，确保普查工作质量全程痕迹化管理，数据质量全程可追溯；充分利用报刊、广播、电视、网络等各种媒体，广泛动员社会力量参与农业源普查，为普查实施创造良好氛围。

中共中央、国务院印发《关于全面加强生态环境保护坚决打好污染防治攻坚战的意见》
(2018年6月)

《意见》提出，到2020年，全国细颗粒物（PM2.5）未达标地级及以上城市浓度比2015年下降18%以上，地级及以上城市空气质量优良天数比率达到80%以上；全国地表水Ⅰ~Ⅲ类水体比例达到70%以上，劣Ⅴ类水体比例控制在5%以内；近岸海域水质优良（一、二类）比例达到70%左右；二氧化硫、氮氧化物排放量比2015年减少15%以上，化学需氧量、氨氮排放量减少10%以上；受污染耕地安全利用率达到90%左右，污染地块安全利用率达到90%以上；生态保护红线面积占比达到25%左右；森林覆盖率达到23.04%以上。

通过加快构建生态文明体系，确保到2035年节约资源和保护生态环境的空间格局、产业结构、生产方式、生活方式总体形成，生态环境质量实现根本好转，美丽中国目标基本实现。到本世纪中叶，生态文明全面提升，实现生态环境领域国家治理体系和治理能力现代化。

《意见》围绕推动形成绿色发展方式和生活方式、坚决打赢蓝天保卫战、着力打好碧水保卫战、扎实推进净土保卫战、加快生态保护与修复、改革完善生态环境治理体系等方面提出了具体的政策措施。

农业农村部召开农膜回收行动2018年工作推进会
(2018年6月)

2018年6月，农业农村部在内蒙古自治区呼和浩特市召开农膜回收行动2018年工作推进会。会议提出，确保到2020年农田地膜残留量明显下降，当季地膜回收处理利用率达到80%以上，全国地膜覆盖面积基本实现零增长，地膜污染严重地区率先实现负增长。

会议强调，推进农膜回收行动，要加强源头把控，加强地膜生产企业行业自律，严禁脱标地膜进入市场、铺进农田；要加强推动减量增效，开展覆盖技术适宜性评价，适时调整种植结构，调整地膜覆膜方式，调整农业生产模式，早日实现地膜覆膜零增长；要加强回收和资源化利用，构建市场主导、多方回收、公众参与的地膜回收和资源化利用体系，继续探索地膜生产者责任延伸制度试点；要加强政策创设，积极推动解决当前地膜回收加工行业面临的税收、用电、用地等问题；要加强科技支撑，继续加大地膜回收捡拾机具、全生物降解地膜产品及其配套农艺技术、高强度地膜、地膜资源化利用等关键技术和设备研发的支持力度。

国务院印发《打赢蓝天保卫战三年行动计划》
（2018年6月）

《行动计划》提出，到2020年，二氧化硫、氮氧化物排放总量分别比2015年下降15%以上；PM2.5未达标地级及以上城市浓度比2015年下降18%以上，地级及以上城市空气质量优良天数比率达到80%，重度及以上污染天数比率比2015年下降25%以上；提前完成"十三五"目标任务的省份，要保持和巩固改善成果；尚未完成的，要确保全面实现"十三五"约束性目标；北京市环境空气质量改善目标应在"十三五"目标基础上进一步提高。

《行动计划》强调，加快发展清洁能源和新能源。到2020年，非化石能源占能源消费总量比重达到15%。有序发展水电，安全高效发展核电，优化风能、太阳能开发布局，因地制宜发展生物质能、地热能等。在具备资源条件的地方，鼓励发展县域生物质热电联产、生物质成型燃料锅炉及生物天然气。

《行动计划》要求，加强秸秆综合利用和氨排放控制。坚持堵疏结合，加大政策支持力度，全面加强秸秆综合利用；到2020年，全国秸秆综合利用率达到85%。控制农业源氨排放。减少化肥农药使用量，增加有机肥使用量，实现化肥农药使用量负增长。提高化肥利用率，到2020年，京津冀及周边地区、长三角地区达到40%以上。强化畜禽粪污资源化利用，改善养殖场通风环境，提高畜禽粪污综合利用率，减少氨挥发排放。

国家发展改革委出台
《关于创新和完善促进绿色发展价格机制的意见》
（2018年6月）

《意见》提出，到2020年，基本形成有利于绿色发展的价格机制、价格政策体系，促进资源节约和生态环境成本内部化的作用明显增强；到2025年，适应绿色发展要求的价格机制更加完善，并落实到全社会各方面、各环节。

《意见》聚焦污水处理、垃圾处理、节水、节能环保等四方面。一是完善污水处理收费政策，建立城镇污水处理费动态调整机制、企业污水排放差别化收费机制、与污水处理标准相协调的收费机制，健全城镇污水处理服务费市场化形成机制，逐步实现城镇污水处理费基本覆盖服务费用，探索建立污水处理农户付费制度。二是健全固体废物处理收费机制，建立健全城镇生活垃圾处理收费机制，完善危险废物处置收费机制，全面建立覆盖成本并合理盈利的固体废物处理收费机制，完善城镇生活垃圾分类和减量化激励机制，加快建立有利于促进垃圾分类和减量化、资源化、无害化处理的激励约束机制，探索建立农村垃圾处理收费制度。三是建立有利于节约用水的价格机制，深入推进农业水价综合改革，完善城镇供水价格形成机制，全面推行城镇非居民用水超定额累进加价制度，建立有利于再生水利用的价格政策，保障供水工程和设施良性运行，促进节水减排和水资源可持续利用。四是健全促进节能环保的电价机制，完善差别化电价政策、峰谷电价形成机制以及部分环保行业用电支持政策，充分发挥电力价格的杠杆作用，推动高耗能行业节能减排、淘汰落后，引导电力资源优化配置，促进产业结构、能源结构优化升级和相关环保业发展。同时，鼓励各地积极探索生态产品价格形成机制等各类绿色价格政策。

农业农村部印发《关于深入推进生态环境保护工作的意见》
（2018年7月）

《意见》提出，要加快构建农业农村生态环境保护制度体系，构建农业绿色发展制度体系和农业农村污染防治制度体系，健全以绿色生态为导向的农业补贴制度。扎实推进农业绿色发展重大行动，实施果菜茶有机肥替代化肥行动，推进畜禽粪污资源化利用、水产养殖业绿色发展和秸秆综合利用。着力改善农村人居环境，加快落实《农村人居环境整治三年行动方案》，推进农村生活垃圾、污水治理和"厕所革命"，整治提升村容村貌，逐步建立村庄人居环境管护长效机制，学习借鉴浙江"千村示范、万村整治"经验，组织开展"百县万村示范工程"。切实加强农产品产地环境保护，加强污染源头治理；开展耕地土壤污染状况详查，实施风险区加密调查、农产品协同监测；实施耕地土壤环境质量分类管理，以南方酸性土水稻产区为重点，分区域、分作物品种建立受污染耕地安全利用试点。大力推动农业资源养护，加快发展节水农业，加强耕地质量保护与提升，加强水生野生动植物栖息地和水产种质资源保护区建设。显著提升科技支撑能力，把农业科技创新的方向和重点转到低耗、生态、节本、安全、优质、循环等绿色技术上来，依托畜禽养殖废弃物资源化处理、化肥减量增效、土壤重金属污染防治等国家农业科技创新联盟，开展产学研联合攻关，印发并组织实施《农业绿色发展技术导则（2018—2030年）》。建立健全考核评价机制，完善农业资源环境监测网络，依托农业面源污染监测网络数据，做好省级农业面源污染防治延伸绩效考核，建立资金分配与污染治理工作挂钩的激励约束机制。探索构建农业绿色发展指标体系，坚持奖惩并重，加大问责力度，对污染问题严重、治理工作推进不力的地区进行问责，对治理成效明显的地区予以激励支持。

农业农村部印发《农业绿色发展技术导则（2018—2030年）》
（2018年7月）

《导则》以绿色投入品、节本增效技术、生态循环模式、绿色标准规范为主攻方向，全面构建高效、安全、低碳、循环、智能、集成的农业绿色发展技术体系，按照"重点研发一批、集成示范一批、推广应用一批"3类情况，分别列出任务清单；通过开展绿色技术创新和示范推广，着力推动形成绿色生产方式和生活方式，着力加强绿色优质农产品和生态产品供给，着力提升农业绿色发展的质量效益和竞争力，为实施乡村振兴战略和实现农业农村现代化提供强有力的科技支撑。

《导则》提出，到2030年，全面构建以绿色为导向的农业技术体系，在稳步提高农业土地产出率的同时，大幅度提高农业劳动生产率、资源利用率和全要素生产率，引领我国农业走上一条产出高效、产品安全、资源节约、环境友好的农业现代化道路，打造促进农业绿色发展的强大引擎。

《导则》围绕研制绿色投入品、研发绿色生产技术、发展绿色产后增值技术、创新绿色低碳种养结构与技术模式、绿色乡村综合发展技术与模式、加强农业绿色发展基础研究、完善绿色标准体系等7个领域，从重点研发、集成示范和推广应用等方面提出了具体任务。

《中华人民共和国土壤污染防治法》颁布实施
（2018年8月）

2018年8月，十三届全国人大常委会第五次会议表决通过《中华人民共和国土壤污染防治法》。这是我国首次制定专门的法律来规范防治土壤污染，于2019年1月1日起施行。

《土壤污染防治法》共7章99条，明确了土壤污染防治应当坚持预防为主、保护优先、分类管理、风险管控、污染担责、公众参与的原则。强化了农业投入品管理，减少农业面源污染，并加强对未污染土壤和未利用地的保护。提出国家建立农用地分类管理制度，按照土壤污染程度和相关标准，将农用地划分为优先保护类、安全利用类和严格管控类。对不同类的农用地，法律分别规定了不同的管理措施，明确相应的风险管控和修复要求。

农业农村部印发《关于支持长江经济带农业农村绿色发展的实施意见》
（2018年9月）

《意见》提出突出抓好长江经济带农业农村绿色发展的3项重点任务：一是强化水生生物多样性保护。在长江流域重点水域开展禁捕试点，2018年水生生物保护区实现禁捕，到2020年实现长江干流及重要支流全面禁捕。加快实施中华鲟、长江鲟、长江江豚等长江珍稀水生生物拯救行动计划。加强水生生物产卵场、索饵场、越冬场和洄游通道等重要鱼类生境的保护和修复。完善生态补偿，扩大补偿范围，提高补偿标准。加强资源监测，建立水生生物资源资产台账。二是深入推进化肥农药减量增效。支持长江经济带11省（市）实施化肥使用量负增长行动，选择一批重点县（市）开展化肥减量增效示范。实施农药使用量负增长行动，建设一批病虫害统防统治与绿色防控融合示范基地、稻田综合种养示范基地。在果菜茶优势产区、核心产区和知名品牌生产基地，全面实施有机肥替代化肥政策。三是促进农业废弃物资源化利用。在长江经济带畜牧大县率先完成整县推进粪污资源化利用项目，推动形成畜禽粪污资源化利用可持续运行机制。指导长江经济带以县为单元编制全量化利用实施方案，提高秸秆综合利用的区域统筹水平。推进农膜废弃物资源化利用，探索应用全生物可降解地膜。抓好长江经济带重点流域农业面源污染综合治理示范区建设，到2020年建设100个示范区。实施长江绿色生态廊道项目，对相关地区种植业、畜牧业和水产业生产体系进行改造升级，减少农业生产面源污染和水土流失。

中共中央、国务院印发《乡村振兴战略规划（2018—2022年）》
（2018年9月）

《规划》提出，到2020年，乡村振兴的制度框架和政策体系基本形成，各地区各部门乡村振兴的思路举措得以确立，全面建成小康社会的目标如期实现。到2022年，乡村振兴的制度框架和政策体系初步健全。国家粮食安全保障水平进一步提高，现代农业体系初步构建，农业绿色发展全面推进；农村一二三产业融合发展格局初步形成，乡村产业加快发展，农民收入水平进一步提高，脱贫攻坚成果得到进一步巩固；农村基础设施条件持续改善，城乡统一的社会保障制度体系基本建立；农村人居环境显著改善，生态宜居的美丽乡村建设扎实推进；城乡融合发展体制机制初步建立，农村基本公共服务水平进一步提升；乡村优秀传统文化得以传承和发展，农民精神文化生活需求基本得到满足；以党组织为核心的农村基层组织建设明显加强，乡村治理能力进一步提升，现代乡村治理体系初步构建。探索形成一批各具特色的乡村振兴模式和经验，乡村振兴取得阶段性成果。

《规划》对推进农业农村生态环境保护提出以下要求：一是强化资源保护与节约利用。实施国家农业节水行动，建设节水型乡村；落实和完善耕地占补平衡制度；实施农用地分类管理；扩大轮作休耕制度试点；全面普查动植物种质资源，推进种质资源收集保存、鉴定和利用；强化渔业资源管控与养护。二是推进农业清洁生产。加强农业投入品规范化管理；加快推进种养循环一体化；推进废旧地膜和包装废弃物等回收处理；推行水产健康养殖，探索农林牧渔融合循环发展模式。三是集中治理农业环境突出问题。深入实施土壤污染防治行动计划；加强农业面源污染综合防治；加大地下水超采治理；严格工业和城镇污染处理、达标排放。四是持续改善农村人居环境。推进农村生活垃圾治理；开展非正规垃圾堆放点排查整治；实施"厕所革命"；梯次推进农村生活污水治理；逐步消除农村黑臭水体，加强农村饮用水水源地保护；加快推进通村组道路、入户道路建设；全面推进乡村绿化；完善村庄公共照明设施，整治公共空间和庭院环境，继续推进城乡环境卫生整洁行动；建立农村人居环境建设和管护长效机制；推行环境治理依效付费制度；探索建立垃圾污水处理农户付费制度；完善农村人居环境标准体系。五是加强乡村生态保护与修复。统筹山水林田湖草系统治理；大力实施大规模国土绿化行动；稳定扩大退牧还草实施范围；保护和恢复乡村河湖、湿地生态系统；大力推进荒漠化、石漠化、水土流失综合治理；实施生物多样性保护重大工程；加强野生动植物保护，强化外来入侵物种风险评估、监测预警与综合防控；加大重点生态功能区转移支付力度，建立省以下生态保护补偿资金投入机制；完善重点领域生态保护补偿机制，建立长江流域重点水域禁捕补偿制度，鼓励各地建立流域上下游等横向补偿机制；推动市场化多元化生态补偿，建立健用水权、排污权、碳排放权交易制度。六是构建农村现代能源体系。优化农村能源供给结构，大力发展太阳能、浅层地热能、生物质能等，因地制宜开发利用水能和风能；加快推进生物质热电联产、生物质供热、规模化生物质天然气和规模化大型沼气等燃料清洁化工程；推进农村能源消费升级，加快实施北方农村地区冬季清洁取暖；推广农村绿色节能建筑和农用节能技术、产品；大力发展"互联网+"智慧能源，探索建设农村能源革命示范区。

国家发展改革委、生态环境部、农业农村部、住房城乡建设部、水利部联合印发《关于加快推进长江经济带农业面源污染治理的指导意见》
（2018年10月）

《意见》要求，到2020年，农业农村面源污染得到有效治理，种养业布局进一步优化，农业农村废弃物资源化利用水平明显提高，绿色发展取得积极成效，对流域水质的污染显著降低。其中，在农田污染治理方面，主要农作物化肥农药使用量实现负增长，化肥农药利用率提高到40%以上，测土配方施肥技术覆盖率提高到90%以上，病虫害绿色防控覆盖率提高到30%以上，专业化统防统治率提高到40%以上，农田灌溉水有效利用系数提高到0.55以上，秸秆综合利用率提高到85%以上，农田残膜回收率提高到80%以上。在养殖污染治理方面，畜禽养殖污染得到严格控制，畜禽粪污综合利用率提高到75%以上；粪污处理设施装备配套率，规模养殖场提高到95%以上、大型养殖场在2019年底前达到100%。水产生态健康养殖水平进一步提升，主产区水产养殖尾水实现有效处理或循环利用。在农村人居环境治理方面，行政村农村人居环境整治实现全覆盖，90%左右的村庄生活垃圾得到治理，基本完成非正规垃圾堆放点整治，有较好基础的地区农村卫生厕所普及率提高到85%左右，农村生活污水治理水平明显提高，乱排乱放得到有效管控。《意见》还对重点区域，如重要河流湖泊、水环境敏感区和长三角等经济发达地区，进一步提出了更高的治理目标要求。

为确保实现上述目标，《意见》提出了3个方面的政策措施：一是建立多元化投入机制。中央有关部门结合现有资金渠道，以中西部地区为重点，支持地方加快农业农村面源污染治理。鼓励地方按规定加强相关渠道资金和项目统筹整合。规模化种养大户、农业企业等排污主体要承担治污主体责任。引导社会资本投向农业废弃物资源化利用、农村垃圾污水治理等领域。二是加大财税支持力度。深入推进农业水价综合改革。完善化肥农药减量、有机肥替代化肥补贴政策。对畜禽水产禁养区关闭搬迁的养殖场，地方政府要给予合理补偿。落实沼气发电上网标杆电价和上网电量全额保障性收购政策，推动符合标准的生物天然气并入城镇燃气管网。鼓励各地将符合条件的施肥机械、水产机械纳入农机购置补贴范围，按规定申请开展植保无人飞机规范应用试点。鼓励地方政府对畜禽养殖废弃物资源化利用装备实行敞开补贴。三是完善用地、用电等政策。适当提高规模养殖场粪污资源化利用和有机肥生产积造设施用地占比及规模上限。农村生活垃圾污水收运处理设施，和以畜禽养殖废弃物、农作物秸秆为主要原料的规模化生物天然气工程、大型沼气工程、有机肥厂、集中处理中心等，其建设用地纳入土地利用总体规划，在年度用地计划中优先安排。落实畜禽养殖场（小区）污染防治设施运行、水产养殖绿色发展的农业用电政策。

农业农村部召开东北地区秸秆处理现场会
（2018年10月）

2018年10月，农业农村部在黑龙江省海伦市召开东北地区秸秆处理行动现场交流暨成果展示会，农业农村部副部长张桃林出席会议并讲话。

会议强调，秸秆综合利用要围绕提高耕地质量、发展农村清洁能源、禁止秸秆焚烧等，坚持因地制宜、农用优先、就地就近、政府引导、市场运作、科技支撑，以肥料化、饲料化、燃料化利用为主攻方向，完善利用制度、出台扶持政策、强化保障措施、形成长效机制，实现东北黑土地保护与秸秆综合利用双赢。

会议要求，东北地区秸秆处理行动今后在工作方式上，由试点示范转变为全面铺开；在推进手段上，注重集成利用技术、打造商业模式、优化组织形式、形成全量利用格局；在利用方向上，东北要增加秸秆肥料、饲料利用量，优化秸秆燃料利用结构。

生态环境部、农业农村部印发
《农业农村污染治理攻坚战行动计划》
（2018年11月）

《计划》提出，到2020年，实现"一保两治三减四提升"。"一保"，即保护农村饮用水水源，农村饮水安全更有保障；"两治"，即治理农村生活垃圾和污水，实现村庄环境干净整洁有序；"三减"，即减少化肥、农药使用量和农业用水总量；"四提升"，即提升主要由农业面源污染造成的超标水体水质、农业废弃物综合利用率、环境监管能力和农村居民参与度。

《计划》明确了5个方面的主要任务：一是加强农村饮用水水源保护。加快农村饮用水水源调查评估和保护区划定，加强农村饮用水水质监测，开展农村饮用水水源环境风险排查整治。二是加快推进农村生活垃圾污水治理。加大农村生活垃圾治理力度，梯次推进农村生活污水治理，保障农村污染治理设施长效运行。三是着力解决养殖业污染。推进养殖生产清洁化和产业模式生态化，加强畜禽粪污资源化利用，严格畜禽规模养殖环境监管，加强水产养殖污染防治和水生生态保护。四是有效防控种植业污染。持续推进化肥、农药减量增效，加强秸秆、农膜废弃物资源化利用，大力推进种植产业模式生态化，实施耕地分类管理，开展涉镉等重金属重点行业企业排查整治。五是提升农业农村环境监管能力。严守生态保护红线，强化农业农村生态环境监管执法。

农业农村部召开全国残膜污染综合治理技术现场会
（2018年11月）

2018年11月，农业农村部联合中国工程院、科技部在新疆维吾尔自治区阿拉尔市召开全国残膜污染综合治理技术现场会。会议强调要进一步强化技术创新，提升农田残膜污染治理技术和装备化水平，持续推进我国农田残膜污染治理工作。会议要求各级农业农村部门要强化成果转化推广，加强联合协作，推动熟化技术产品落地，形成系统性的农膜回收利用解决方案，为治理农田"白色污染"插上科技的翅膀。

全国畜禽养殖废弃物资源化利用现场会召开
（2018年11月）

2018年11月，全国畜禽养殖废弃物资源化利用现场会在福建省漳州市召开。中共中央政治局委员、国务院副总理胡春华出席会议并讲话。

会议强调，加快推进畜禽养殖废弃物资源化利用是改善农村人居环境的重要任务，要坚持政府支持、企业主体、市场化运作的方针，坚持源头减量、过程控制、末端利用的治理路径，全面推进畜禽养殖废弃物资源化利用，加快构建种养结合、农牧循环的可持续发展新格局，为促进乡村全面振兴提供有力支撑。

会议要求，要大力推动畜禽清洁养殖，加强标准化精细化管理，促进废弃物源头减量。要打通有机肥还田渠道，增强农村沼气和生物天然气市场竞争力，加快培育发展畜禽养殖废弃物资源化利用产业。要严格落实畜禽规模养殖环评制度，强化污染监管，落实养殖场主体责任，倒逼畜禽养殖废弃物资源化利用。要加大政策支持保障力度，创造良好市场环境，帮助企业形成可持续的商业模式和盈利模式。

农业农村部办公厅、生态环境部办公厅联合印发
《国家土壤环境监测网农产品产地土壤环境监测工作方案（试行）》
（2018年11月）

《方案》提出，到2020年底，建成较完善的农产品产地土壤环境监测业务和技术体系，及时掌握全国范围及重点区域农产品产地土壤环境总体状况、潜在风险及变化趋势，提高农产品产地土壤环

境监测的标准化和信息化水平，建立评判准确、响应及时的农产品产地土壤环境动态预警体系和运行机制。

《方案》明确了5项工作任务：一是确定农产品产地土壤环境监测点位。国控监测点应覆盖全部产粮大县和主要土壤类型，国控监测点一经确定，不得随意变更、撤销。各地可根据实际情况增加布设省控监测点，并报农业农村部备案。二是构建农产品产地土壤环境监测工作体系。建立中央、省、市、县监测工作体系，上下联动，明确责任，保证监测工作长效稳定开展。三是开展农产品产地土壤环境例行监测。省级农业农村部门每年定期组织开展监测工作，采集检测土壤样品和农产品样品，建立例行监测制度。四是形成农产品产地土壤环境监测系列成果。包括农产品产地土壤环境状况年度监测数据和报告、农产品产地土壤环境监测样品库。五是发布农用地土壤环境状况信息。生态环境部会同农业农村部统一发布农用地土壤环境状况信息。

农业农村部召开全国农业资源环境与农村能源生态工作会议
（2018年12月）

2018年12月，农业农村部在广东省广州市召开全国农业资源环境与农村能源生态工作会议。会议要求，要以习近平新时代中国特色社会主义思想为指导，突出绿色生态导向，以农业污染防治、耕地重金属修复治理、农村可再生能源利用、生物资源保护为重点，打好农业农村污染治理攻坚战，补齐农业生态环境短板。

会议部署了2019年重点工作：一是深入推进污染源普查，进一步加强农业污染源普查数据平台建设，形成农业源产排污系数，按时、保质、保量完成污染源普查工作。二是实施好秸秆农膜行动，扩大秸秆综合利用试点范围，抓好西北地区的农膜回收示范县建设。三是切实加强耕地土壤环境保护，加强耕地环境调查监测，推进耕地分类管理，建设受污染耕地安全利用与严格管控综合示范区。四是加强农村能源生态建设，推进畜禽养殖废弃物沼气化利用，推动出台《加快推进生物天然气发展实施意见》，组织开展生态循环农业示范创建。五是推进农业物种资源保护，加强外来入侵物种拦截监控，推进农业野生植物资源调查与抢救性收集，探索农业物种资源保护与开发并举的新机制。

中央农办、农业农村部等18部门印发
《农村人居环境整治村庄清洁行动方案》
（2018年12月）

《方案》提出，以"清洁村庄助力乡村振兴"为主题，以影响农村人居环境的突出问题为重点，动员广大农民群众广泛参与、集中整治，着力解决村庄环境"脏乱差"问题，实现村庄内垃圾不乱堆乱放、污水乱泼乱倒现象明显减少、粪污无明显暴露、杂物堆放整齐、房前屋后干净整洁，村庄

环境干净、整洁、有序，村容村貌明显提升，文明村规民约普遍形成，长效清洁机制逐步建立，村民清洁卫生文明意识普遍提高。

《方案》要求，重点做好村庄内"三清一改"工作。一是清理农村生活垃圾，解决生活垃圾乱堆乱放污染问题。二是清理村内塘沟，逐步消除农村黑臭水体。三是清理畜禽养殖粪污等农业生产废弃物，积极推进资源化利用，减少养殖粪污影响村庄环境。四是改变影响农村人居环境的不良习惯，提高村民清洁卫生意识，引导群众自觉形成良好的生活习惯，从源头减少影响农村人居环境的现象和不文明行为。

中央农办、农业农村部、国家卫生健康委、住房城乡建设部、文化和旅游部、国家发展改革委、财政部、生态环境部联合印发《关于推进农村"厕所革命"专项行动的指导意见》
(2018年12月)

《意见》要求，到2020年，东部地区、中西部城市近郊区等有基础、有条件的地区，基本完成农村户用厕所无害化改造，厕所粪污基本得到处理或资源化利用，管护长效机制初步建立；中西部有较好基础、基本具备条件的地区，卫生厕所普及率达到85%左右，达到卫生厕所基本规范，储粪池不渗不漏、及时清掏；地处偏远、经济欠发达等地区，卫生厕所普及率逐步提高，实现如厕环境干净整洁的基本要求。到2022年，东部地区、中西部城市近郊区厕所粪污得到有效处理或资源化利用，管护长效机制普遍建立。地处偏远、经济欠发达等其他地区，卫生厕所普及率显著提升，厕所粪污无害化处理或资源化利用率逐步提高，管护长效机制初步建立。

《意见》明确了7项重点任务：一是明确任务要求，全面摸清底数。以县域为单位摸清农村户用厕所、公共厕所、旅游厕所的数量、布点、模式等信息。及时跟踪农民群众对厕所建设改造的新认识、新需求。二是科学编制改厕方案。因地制宜逐乡（或逐村）论证编制农村"厕所革命"专项实施方案，明确年度任务、资金安排、保障措施等。三是合理选择改厕标准和模式。加快研究修订农村卫生厕所技术标准和相关规范。统筹考虑改厕和污水处理设施建设，研究制定技术标准和改厕模式。四是整村推进，开展示范建设。坚持"整村推进、分类示范、自愿申报、先建后验、以奖代补"的原则，有序推进，树立一批农村卫生厕所建设示范县、示范村。五是强化技术支撑，严格质量把关。在厕所建设材料、无害化处理、除臭杀菌、智能管理、粪污回收利用等技术方面，加大科技攻关力度。组织开展多种形式的农村卫生厕所新技术、新产品展示交流活动。对改厕户信息、施工过程、产品质量、检查验收等环节进行全程监督。六是完善建设管护运行机制。鼓励采取政府购买服务等方式，建立政府引导与市场运作相结合的后续管护机制。七是同步推进厕所粪污治理。因地制宜推进厕所粪污分散处理、集中处理或接入污水管网统一处理，实行"分户改造、集中处理"与单户分散处理相结合，鼓励联户、联村、村镇一体治理。积极推动农村厕所粪污资源化利用。

深入学习浙江"千万工程"经验
全面扎实推进农村人居环境整治会议在北京召开
(2018年12月)

2018年12月,深入学习浙江"千万工程"经验全面扎实推进农村人居环境整治会议在北京召开,中共中央政治局委员、国务院副总理胡春华出席会议并讲话。

会议要求,各地要坚持以浙江"千万工程"经验为引领,扎实有序推动农村人居环境整治工作向面上推开,按时完成三年阶段性目标任务。要坚持规划先行,因地制宜确定整治目标任务和建设时序,分类梯次推进,做到与本地区农村经济发展水平相适应,同当地文化和风土人情相协调。要突出工作重点,有序推进农村生活垃圾和污水处理,扎实开展农村厕所革命,加快提升村容村貌。要把学习推广浙江经验、推进农村人居环境整治工作列入地方各级党委和政府重要议事日程,切实加大投入力度,健全牵头部门抓总统筹、职能部门履职尽责的工作机制,充分发挥农民的主体作用和首创精神,形成全社会共同改善农村人居环境的强大合力。

体系建设

机构人员

一、全国农业资源环境保护机构人员

截至2018年底，全国省、地、县三级农业资源环境保护机构总数达到2 752个，同比增长2.50%。其中，省级35个、地级338个、县级2 379个。这些机构中，属于行政机构的234个，占8.50%；参公单位110个，占4.00%；事业单位2 408个，占87.50%。全国农业环境保护机构中独立设置的1 179个，占42.84%；合署办公的1 018个，占36.99%；其他类型的555个，占20.17%。

全国省、地、县三级农业资源环境保护机构从业人员14 058人，同比提高0.86%。其中，省级521人，占3.70%；地级1 996人，占14.20%；县级11 541人，占82.10%。

从年龄看，35岁及以下人员3 104人，占22.08%；36~50岁人员7 659人，占54.48%；51岁及以上人员3 295人，占23.44%。

从学历看，具有博士研究生学历37人，占0.26%；硕士研究生学历867人，占6.17%；本科学历6 584人，占46.83%；大专学历4 450人，占31.65%；中专及以下学历2 120人，占15.09%。

从编制看，公务员编制人员334人，占2.38%；参公编制人员745人，占5.30%；事业单位编制人员12 979人，占92.32%。

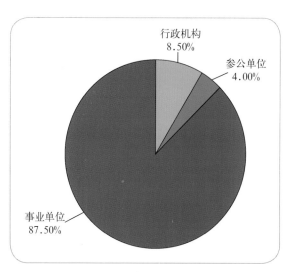

全国农业资源环境保护机构属性

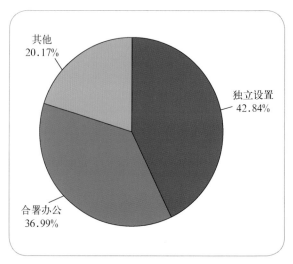

全国农业资源环境保护机构设置情况

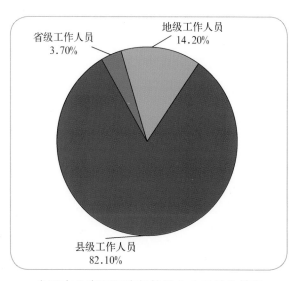

全国农业资源环境保护从业人员结构情况

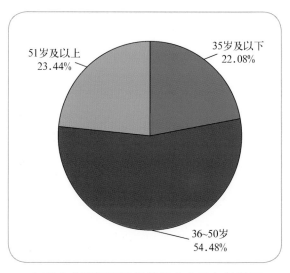

全国农业资源环境保护从业人员年龄情况

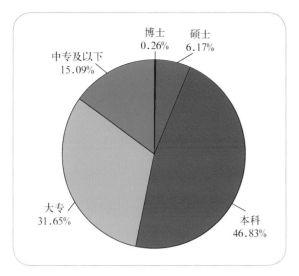

全国农业资源环境保护从业人员学历情况

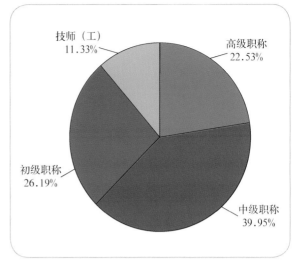

全国农业资源环境保护从业人员职称情况

从岗位看，管理岗位人员 2 094 人，占 14.90%；专业技术岗位人员 10 229 人，占 72.76%；工勤技能人员 1 735 人，占 12.34%。

从职称看，全国农业环境保护机构中具有职称的 13 106 人。其中，高级职称人员 2 953 人，占 22.53%；中级职称人员 5 235 人，占 39.95%；初级职称 3 433 人，占 26.19%；技师（工）职称

1 485 人，占 11.33%。

总体上讲，我国农业资源环境保护机构基本保持稳定，队伍不断壮大。全国省、地、县三级环保机构数由 2001 年的 843 个增加到 2 752 个，增长了 226.45%。从业人员由 2001 年的 3 645 人增加到 14 058 人，增长了 285.68%。2001—2018 年全国农业资源环境保护机构及人员情况见下图。

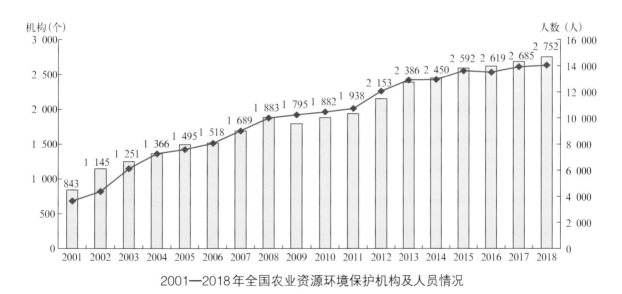

2001—2018 年全国农业资源环境保护机构及人员情况

二、全国农村能源管理推广机构队伍

截至 2018 年底，全国农村能源管理推广机构 10 471 个，比 2017 年减少 7.78%。其中，省级 41 个，地级 326 个，县级 2 528 个，乡级 7 576

个。机构从业人员 28 254 人，同比降低 7%。其中，省级 515 人，占 1.82%；地级 1 647 人，占 5.83%；县级 12 142 人，占 42.97%；乡级 13 950 人，占 49.38%。

从年龄看，35岁及以下0.45万人、36～49岁1.43万人、50岁及以上0.94万人，分别占15.99%、50.77%、33.24%。

从学历看，具有博士研究生学历41人、硕士研究生学历481人、本科学历8 955人、大专学历11 534人、高中及以下学历7 243人，分别占0.15%、1.70%、31.69%、40.82%和25.64%。

从编制看，公务员编制人员0.10万人、参公编制人员0.20万人、事业单位编制人员2.52万人，分别占3.66%、7.15%、89.19%。

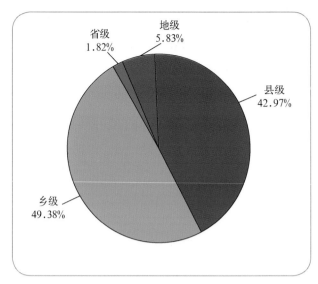

全国农业能源管理人员结构情况

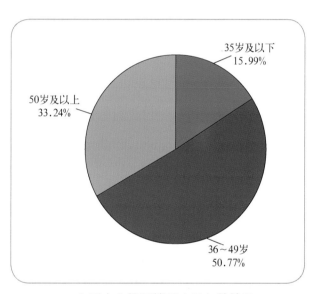

全国农业能源管理人员年龄情况

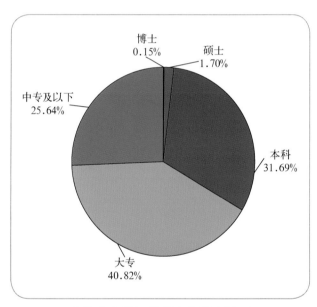

全国农业能源管理人员学历情况

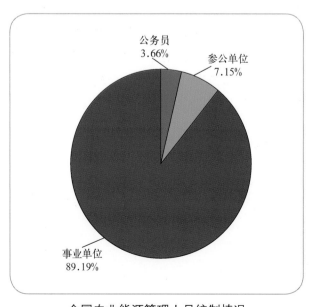

全国农业能源管理人员编制情况

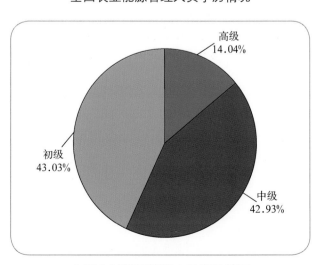

全国农村能源管理人员职称情况

从岗位看，管理岗位0.60万人、技术岗位1.63万人、工勤岗位0.60万人，分别占21.09%、57.56%和21.35%。

从职称看，高级职称人员0.30万人、中级职称人员0.93万人、初级职称人员0.93万人，分别占14.04%、42.93%和43.03%。

近年来，随着农村能源行业调整转型，农村能源管理推广服务机构和人员数量呈下降趋势，机构数由2013年的13 036个下降到10 471个，减少了19.68%；从业人员由2013年的40 064人下降到28 254人，减少了29.48%。2013—2018年全国农村能源管理推广机构及从业人员数量变化见下图。

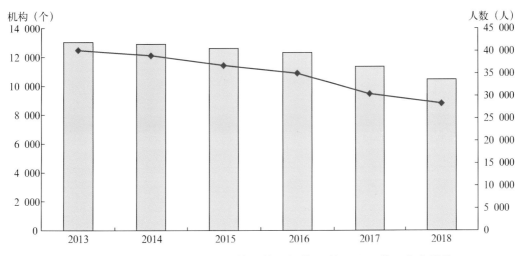

2013—2018年全国农村能源管理推广机构及从业人员数量变化趋势

能力建设

2018年，全国农村能源系统开展培训33 172人次。截至2018年，累计培训3 334 389人次。

一、开展职业技能鉴定

2018年，农村能源职业技能的开发侧重标准、教材、鉴定数据合规性检查等基础性工作，制定了《沼气工》国家职业标准，组编了《太阳能光热利用》《农村环境保护工》培训教材，举办了农村环能体系鉴定考评人员资格认证培训班，累计组织3期、近30人次参加农业农村部鉴定指导中心组织的培训，配合人力资源社会保障部职业技能鉴定中心和农业农村部职业技能鉴定指导中心对鉴定数据查询进行合规性检查。全年颁发沼气国家职业资格证书1 059本。

2013—2018年全国农村能源领域获得国家职业资格证书情况

年份	沼气生产工（人次）	沼气物管员（人次）	农村节能员（人次）	太阳能利用工（人次）	生物质能利用工（人次）	其他农村能源利用人员（人次）	合计（人次）
2013	9 255	0	34	1 329	0	524	11 142
2014	5 333	0	185	1 388	53	905	7 864
2015	2 120	849	173	354	0	165	3 661

（续）

年份	沼气生产工（人次）	沼气物管员（人次）	农村节能员（人次）	太阳能利用工（人次）	生物质能利用工（人次）	其他农村能源利用人员（人次）	合计（人次）
2016	967	282	191	577	0	58	2 075
2017	592	92	6	359	0	5	1 054
2018	992	0	0	67	0	0	1 059
合计	18 689	1 793	589	4 074	53	1 657	26 855

自2017年9月颁布实施《国家职业资格目录》以来，行业内未列入的职业有太阳能利用工和农村环境保护工。目前，按照国家关于目录外职业的行业等级认定相关政策要求，积极筛选试点单位，组织专家进行标准和教材开发等工作。

二、提升体系素质能力

1. 举办农业资源环境保护与农村能源体系管理干部能力建设培训班

2018年7月，农业农村部生态总站在青海省西宁市举办全国农业资源环境保护与农村能源体系管理干部能力建设培训班，李少华副站长出席开班式并讲话。培训班邀请相关专家围绕乡村振兴与农业绿色发展、地膜污染防治、秸秆综合利用、农村能源革命等政策和技术进行了讲解，来自全国省、地、县三级农业资源环保站和农村能源办的负责人及业务骨干310多人参加了培训。

10月，农业农村部生态总站在甘肃省敦煌市举办农业资源环境保护与农村能源体系省级管理干部能力建设培训班。培训班围绕乡村振兴战略、农田生态系统建设、农业绿色发展补贴制度、农村能源建设、农村人居环境整治等内容进行了专题讲解，并组织学员实地考察了敦煌市地膜回收利用、秸秆综合利用和生活污水生态处理的典型做法和经验，来自全国各省份农业环保和农村能源建设等有关单位负责人近80人参加了培训。

农业资源环境保护与农村能源体系省级管理干部能力建设培训班

2013—2018年，农业农村部生态总站累计举办6期省级体系管理干部培训班，参加培训人员达480余人次。

2. 举办农业资源环境保护与农村能源体系专业技术人员培训班

农业资源保护技术培训班

2018年4月，农业农村部生态总站在江西省上饶市举办农业资源保护技术培训班，全国各地近500名农业资源环境保护技术人员参加了培训；5月，在陕西省延安市举办第三期农村能源工程专业技术人员高级培训班，来自全国的29位学员参加了为期10天的培训；9月，在北京举办第二期农业环境保护理论与工程技术高级培训班，来自全国的26位学员参加了为期10天的培训。

农村能源工程专业技术人员高级培训班

农业环境保护理论与工程专业技术高级培训班

2015—2018年，农业农村部生态总站共计举办了9期农业资源环境保护和农村能源体系专业技术骨干人员培训班，累计培训人员1 000多人次。

3. 召开农业资源环境保护与农村能源体系区域交流研讨会

2018年11月，农业农村部生态总站在四川省绵阳市召开西南地区农业资源环境保护与农村能源体系区域交流研讨会。会议邀请农业农村部沼气科学研究所、农业农村部环境保护科研监测所有关专家围绕农村人居环境整治、农田生态系统建设等进行了专题讲解。与会代表围绕相关机构改革及职能调整、西南地区农田生态系统建设、西南地区农村人居环境整治等内容进行了深入交流研讨，并提出了有针对性的意见建议。来自重庆市、四川省、云南省、贵州省的农业资源环境保护与农村能源体系负责人近30人参加了研讨会。

2013—2018年，农业农村部生态总站分别在华中、华北、西北、华东、西南地区举办了6期体系区域交流研讨会，加强不同区域体系之间业务交流和沟通协作。

西南地区农业资源环境保护与农村能源体系区域交流研讨会

行业信息化

一、推进生态环境保护信息化工程建设

建立了由农业农村部科技教育司牵头、农业农村部生态总站具体建设实施、部内相关职能司局与事业单位分工负责和协同推进的农业生态环境保护信息化工程工作机制，印发了《农业生态环境保护信息化工程建设工作方案》。编制了农业农村部生态总站和渔业渔政局已建信息系统与工程全面整合方案，并报部政务信息资源整合共享专项工作组论证审核后，正式启动工程建设。根据国家招投标管理和农业农村部生态总站议事决策相关规定，相继完成了监理标段和"应用软件开发、标准规范编制、系统培训"标段招投标及合同签署工作。按照"前瞻性、先进性、有效性"的要求，协调各参与方共同做好需求调研、系统开发和标准规范编制等工作。

二、开展体系行业统计与信息化培训

2018年4月，农业农村部生态总站在福建省举办农业资源环境保护与农村能源行业统计培训班，加强统计工作交流，提高各单位统计数据的真实性、准确性。7月，在宁夏回族自治区举办农业资源环境保护和农村能源行业信息化培训班，提升体系信息员队伍素质，增强行业信息宣传能力。

2015—2018年，农业农村部生态总站共计举办了8期农业资源环境保护与农村能源体系统计和信息化培训班，累计培训300多人次。

三、组织编制行业发展报告与统计年报

2018年，农业农村部生态总站组织编写了《2018农业资源环境保护与农村能源发展报告》。《报告》认真梳理了2017年农业资源环境保护与农村能源建设取得的新进展、新成效，系统回顾了2013—2017年两大行业发展重要历程，并由中国农业出版社正式出版发行。编制印发了《2017年全国农村能源可再生能源统计年报》和

《2017年全国农业资源环境信息统计年报》。

社团组织

中国农业生态环境保护协会

一、开展学术交流研讨

2018年1月，中国农业生态环境保护协会在贵州省贵阳市举办全生物降解地膜研讨交流活动，来自全国有关农业环保系统、烟草系统、国内主要全生物降解地膜企业的专家和代表共计100多人参加了活动；4月，在浙江省宁波市举办第三届现代生态（自然）农业研讨会暨"天胜农牧杯"生态农场创新创业竞赛，研讨会以"农业绿色发展"为主题，邀请农业农村部生态总站、中国农业大学、华南农业大学等单位的10位专家和3位企业代表做了专题报告。同时，通过自主申报、专家遴选产生了12家生态农场进行现场路演。来自相关领域专家和生态农场主代表等150余人参加了会议。

2013—2018年，协会组织举办或联合举办各类重要学术交流活动见下表。

2013—2018年协会主要活动一览表

序号	活动名称	举办年份	组织方式
1	农业农村环境保护技术与经验国际交流会	2013	独立举办
2	第十五届中国科协年会第十八分会场"农业生态环境保护与环境污染突发事件应急处理"研讨会	2013	联合举办
3	"倡导绿色消费，保护农业环境"主题展览活动	2013	联合举办
4	蔬菜废弃物资源化处理利用专题研讨会	2014	独立举办
5	现代农业发展论坛农业清洁生产分论坛	2014	联合举办
6	"粮食可持续生产：土地与水资源利用"专题研讨会	2014	联合举办（国际）
7	《中华人民共和国环境保护法（修订版）》立法评估会	2014	参加
8	畜禽养殖排放环境影响专题研讨会	2015	联合举办
9	第八届中国环境与健康宣传周启动仪式	2015	参加
10	秸秆资源化利用现场活动	2015	联合举办
11	农用地膜综合利用现场交流活动	2015	独立举办
12	（国际）农废无害化处理及副产物综合利用展览会	2015、2016	独立举办（国际）
13	第五届农业生态与环境安全学术研讨会暨湖泊主题面源课题研讨会	2016	联合举办

（续）

序号	活动名称	举办年份	组织方式
14	广东农业面源污染治理国际研讨会	2016	参与举办
15	第二届农田副产物综合利用处理技术论坛	2016	参与举办
16	可降解地膜试验示范现场会	2016	独立举办
17	土传病虫害防控展区亮相中国国际农产品交易会	2016	参加
18	中荷畜禽废弃物资源化创新研讨会	2017	独立举办
19	可降解地膜交流活动	2017	独立举办
20	全国农业面源污染治理现场会暨技术培训班	2017	独立举办
21	农业废弃物循环利用与农业绿色发展研讨会	2017	独立举办
22	全生物降解地膜研讨交流活动	2018	独立举办
23	农膜回收生产者责任延伸制度企业代表座谈会	2018	独立举办
24	全国生态农场与绿色发展研讨会	2018	联合举办
25	第三届现代生态农业研讨会	2018	独立举办
26	第八届生物基和生物分解材料技术与应用国际研讨会	2018	联合举办

二、组织编撰《中国农业百科全书·农业生态环境卷》

2018年5月，启动《中国农业百科全书·农业生态环境卷》等6卷修订编撰工作，召开专家研讨会征求意见，提出《农业生态环境卷》框架设计初稿，并对初稿进行修改，形成了6大分支学科的框架设计；11月，组织召开《中国农业百科全书·农业生态环境卷》编撰工作研讨会暨启动会，各专业主编、副主编以及各分支主编、副主编代表等参编人员和责任编辑共50余人参加了会议。

《中国农业百科全书·农业生态环境卷》编撰工作研讨会暨启动会

中国沼气学会

一、组织举办学术年会暨中德沼气合作论坛

2018年10月，中国沼气学会联合浙江大学、浙江科技学院、德国农业协会在浙江省杭州市主办2018年中国沼气学会学术年会暨中德沼气合作论坛。大会以"乡村振兴，循环利用，绿色发展"为主题，围绕沼气工程技术与政策、沼气工程与实践等议题展开研讨。来自中德沼气工程相关领域的专家、学者、企业代表等380余人出席此次大会。

2013—2018年，学会累计举办各类学术论坛、技术交流及研讨活动22次，参会人数近3 500人次，发表论文600余篇，为推动沼气科技进步发挥了重要作用。

2018年中国沼气学会学术年会暨中德沼气合作论坛

二、组织开展农村沼气技术交流培训

2018年9月，学会配合农业农村部生态总站举办农村能源多能互补综合利用技术培训班，围绕乡村振兴战略、可再生能源前沿科技、沼气工程建设运行技术、公文写作规范和方法等内容举办专题讲座，提升行业青年干部队伍素质，为系统的长远发展培养后备力量。

三、举办第二届"四方杯"沼气产业创新创业大赛

2018年10月，学会在北京市举办第二届"四方杯"沼气产业创新创业大赛。大赛以"寻找沼气领域的独角兽"为主题，邀请相关行业知名专家评选出一等奖1项、二等奖2项、三等奖3项，获奖项目将在"2018（第四届）创新创业大赛"上进行展示并获得市场资源、金融资源的对接服务，对推动国内沼气行业发展发挥了积极作用。

四、开展行业决策咨询服务

2018年，学会利用自身技术优势，承担农业农村部科技教育司委托的农村能源综合建设项目，积极参与全国农村沼气工程建设规划编制、农村沼气工程转型升级工作方案起草修改等工作，为政府部门献计献策。同时，积极参与全国沼气标准化技术委员会和国际标准化组织

（ISO）沼气工作组秘书处等单位委托的农村沼气技术标准体系、制度建设、规划、年度计划及标准的审查、宣贯、培训和技术研究等工作。

中国农村能源行业协会

一、组织开展学术交流

2018年10月，中国农村能源行业协会在山东省阳信县举办"2018中国（阳信）生物质清洁取暖高峰论坛"，以"创新变革，引领生物质清洁取暖新时代"为主题，邀请相关领域专家围绕生物质清洁取暖政策形势、项目实施、应用案例、技术与标准、运营模式等进行了交流探讨。同期举办了生物质清洁取暖新技术、新产品展示会。

二、组织开展行业活动

1.组织举办第十二届中国节能炉具博览会

2018年3月，协会在河北省廊坊市举办"2018中国民用清洁采暖设备及应用博览会暨第十二届中国节能炉具博览会"，以"因地制宜 多措并举 清洁采暖 绿色发展"为主题，展览展示煤炭清洁高效利用、煤改气、煤改电、生物质能等可再生能源清洁采暖全产业链产品及技术成果。同期举办中国民用清洁采暖高峰论坛，邀请相关领域专家围绕国家政策形势、行业发展方向、清洁取暖技术推广应用及成果等进行讲解。

2.组织开展行业"领跑者"活动

2018年，民用清洁炉具专委会对外发布《农村清洁取暖炉具"领跑者"目录（2018）》，共有25家企业的30台产品入围。太阳能热利用专委会在"太阳能热水系统搪瓷储热水箱""全玻璃真空太阳集热管""平板型太阳能集热器"3类产品中开展"领跑者"活动，全行业共有25家企业46个规格的产品分别列入相应产品的行业领跑者目录。目录的发布已成为一些地方政府部门实施清洁取暖炉具项目招标的参考依据。

3.组织开展行业技术培训和示范

2018年3月，协会配合农业农村部科教司在辽宁省沈阳市举办"北方农村绿色清洁取暖技术培训班"。协会专家向北方部分省农业技术部门领导介绍了北方清洁供暖实践中的技术进步，以及典型案例的设计、系统组成、运行效果、经济

全国生态循环农业暨秸秆综合利用现场交流会

性优势等情况。11月，协会在四川省绵阳市举办全国生态循环农业暨秸秆综合利用现场交流会，系统研讨了秸秆饲料化、基料化、能源化利用情况。

三、组织开展行业标准制修订

截至2018年底，共有87项农村能源标准被国家能源局正式批准列入能源行业标准编制计划；65项标准完成了编制报批并颁布实施，其中太阳能23项、节能炉具16项、生物质能8项、分布式电源8项、空气源热泵9项、新型液体燃料1项。这些标准的实施，在国家重点开展的巩固退耕还林、家电下乡、煤改电、清洁采暖、农机补贴等项目和大气污染防治行动计划中发挥了重要作用，并为推广生物质炉灶和空气源热泵的政府采购项目提供了标准支持，保证了产品质量，维护了广大用户的权益。

2013—2018年，协会组织开展的技术咨询、学术交流等活动见下表。

2013—2018年协会主要活动一览表

序号	活动名称	举办年份	组织方式
1	节能炉具行业第二轮诚信建设评审	2013	独立举办
2	全国生物质成型燃料设备技术测评活动	2013	联合主办
3	节能环保炉具（锅炉）及清洁燃料行业论坛	2016	独立举办
4	ISO/TC285清洁炉灶标准会议	2016	参加（国际）
5	中国清洁炉灶燃料国际研讨会	2016	联合举办
6	清洁炉灶展览会和论坛	2016	参加（国际）
7	全球清洁炉灶未来峰会	2016	参加（国际）
8	2017年中国环博会沼气分论坛	2017	联合举办
9	中国太阳能热利用行业"标准化良好行为企业"评选活动	2017	独立举办
10	第五届生物质燃气论坛	2017	联合举办
11	"2017年售后服务先进企业"评选活动	2017	独立举办
12	农村清洁取暖炉具"领跑者"产品统一测试活动	2017	独立举办
13	临沂市生物质锅炉（试点）推广应用现场会	2017	联合举办
14	2018中国农村清洁取暖高峰论坛	2018	独立举办

（续）

序号	活动名称	举办年份	组织方式
15	2018年中国环博会沼气论坛	2018	联合举办
16	北方地区清洁供暖技术与商业模式研讨会	2018	独立举办
17	生物质炉具燃烧氮氧化物排放标准修订研讨会	2018	独立举办

农业野生植物保护

开展资源调查与收集

2018年，农业农村部继续支持各省份对野生稻、野生大豆、小麦近缘野生植物、野生蔬菜、野生花卉和野生果树及其他列入《国家重点保护野生植物名录》的物种进行本底调查。各地根据任务分工，组织制订了农业野生植物资源调查方案，组建了调查工作技术支持团队，开展了深入的调查工作，获得了大量的野生植物生境数据、原植物图片及伴生植物数据。河北省通过"云采集"收集APP开展调查监测，发现国家级保护植物11科18种，省级保护植物25科31种。记录有效GPS点位313个，拍摄图片600余张。四川省开展野生猕猴桃、冬虫夏草、小麦近缘属资源调查，采集到22个短芒披碱草居群点的信息，共收集种质资源25份、单株120个，制作腊叶标本20份；采集野生生境图片25份；保存DNA样本100份；活体迁地保护材料3份。陕西省在旬阳县发现蜈蚣兰的新分布，为研究陕西省的兰科植物区系提供了新资料；调查鉴定农业野生植物23种；拍摄野生植物图片92幅。云南省采集、制作腊叶标本30余份，拍摄图片200余

张；在云南农业大学建立野生猕猴桃种质资源圃，对收集的种子和枝条进行播种和扦插育苗，共种植育苗和野外挖取的植株35株。

中国农科院作物所进行了野生稻、野生大豆、野生食用豆类、野生苎麻等植物资源的调查，定位并收集各类农业野生植物资源1 028份。据2018年的调查发现，在普通野生稻同一居群中发现直立、半直立、匍匐3种类型，为国内外首次发现，对于水稻重要农艺性状演化的遗传机制研究具有重大意义。在野生苎麻中，发现了3种类型的雄性不育株，虽然雄性不育表现形式不同，但都可以用于育种杂交，解决杂交育种种子纯度问题。中国农科院兴城果树所通过调查发现，新疆野苹果目前在我国分布面积约9 300公顷，其中伊犁地区分布面积约为8 000公顷、约占总分布的85%，主要分布于新源保护区、巩留莫乎尔乡八连、霍城大西沟乡庙尔沟等地，海拔900～1 700米。中国农科院蔬菜花卉所选择带叶兜兰2个居群，开展带叶兜兰原生境调查，采集叶片、根等材料60份；在花期进行2个居群形态数据采集，测量植株、花和叶片等形态数据。繁殖带叶兜兰组培苗240瓶，出瓶驯化5 000余株，

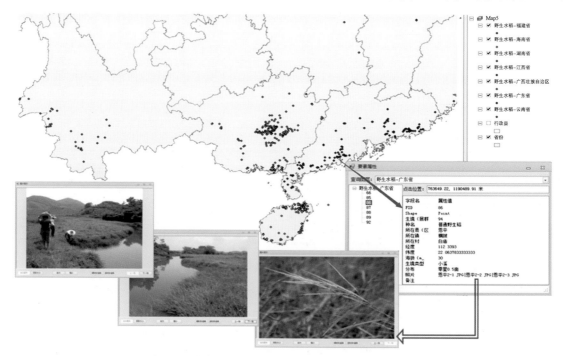

中国农科院作物所野生稻居群的GPS/GIS信息系统

其中4 500余株分别在北京市大兴苗圃、云南怒江老窝乡驯化点和贵州植物园进行驯化，500余株在贵州兴义进行野外回归实验。吉林省农科院考察依安、虎林、庆安和塔河等保护区4个，考察北纬47°～53°区间内的原生境群体15个；原生境保护区GPS定位点385个，15个原生境区域GPS定位点575个。新收集野生大豆群体15个，新收集野生大豆资源总量2 000份以上。

据不完全统计，第三次全国农作物种质资源普查与收集行动完成了野生稻3个物种、野生大豆1个物种、小麦野生近缘植物11个物种、水生植物8个物种、草原植物11个物种、芸香科植物8个物种、茶树7个物种、野生果树4个物种以及冬虫夏草、蒙古口蘑、发菜等50多个物种的全国普查工作，并对每个分布点进行了GPS定位，查清了上述各物种的地理分布、生态环境、植被状况、形态特征、保护价值、濒危状况等基本状况，对各物种的起源、进化和生物多样性进行了系统研究，提出了各物种的中长期保护建议。

中国农业科学院兴城果树所科研人员在新疆苏拉玛勒沟进行资源考察和收集

广西野生猕猴桃调查品种标示牌

野生李子（新疆）

专栏1：江西省开展农业野生植物资源调查

2018年，江西省在赣东北丘陵山区、赣西北丘陵山区以及鄱阳湖平原的沿江滨湖地区13个县（区）开展野生金荞麦、野生莲、野菱角等野生植物资源调查工作，建立了信息数据库，绘出分布图，并进行了抢救性收集。

2018年江西野生植物调查分布图

组织鉴定评价

2018年，各地在调查过程中对列入《国家重点保护野生植物名录（农业部分）》的野生稻、野生大豆、小麦野生近缘植物、野生果树（野生苹果、梨、李）、野生茶树、野生苎麻、野生柑橘等资源进行抢救性收集。根据农业野生植物所具有的农艺性状、抗病虫性、抗逆性、优质、加工品质等，对农业野生植物的优异资源进行鉴定和评价。中国热带农业科学院收集广东、广西、云南、贵州等地的热带珍稀野生果树资源23份；采用田间保存、组织培养物保存和超低温保存等方法进行了异地保存；收集和保存海南、云南、广西等热带地区野生兰科植物资源57份，完善野生兰种质圃建设，开展重唇石斛和樱石斛2种兰科植物离体保存技术研究，完善野生兰科植物保存体系；筛选出药用价值高，且适合人工栽培的优良品种2份，对重唇石斛和樱石斛进行了适应性栽培研究。中国农科院草原所收集羊草等资源50份；筛选抗逆性优异资源11份；羊草材料的扩繁与克隆保存20份；羊草种质资源入库保存20份。开展羊草生态适应性评价：利用环境因子对羊草潜在分布区进行适生性等级划分，明确羊草地理分布规律。中国农科院兴城果树所在调查区域共收集野生苹果资源70份，收集新疆野杏资源36份。全年共收集到各种不同类型资源106份，采集GPS定位信息115份，获取资源图片200余张。吉林省抢救性迁地保护野生兰花等珍稀兰科植物资源100份。

截至2018年底，将全国主要农业野生植物资源鉴定评价情况进行总结。

野生稻：对收集的19 153份野生稻进行抗白叶枯病、抗稻瘟病、抗褐飞虱、耐热性、耐冷性、糙米蛋白质含量、糙米17种氨基酸含量等性状的鉴定评价共46 341份（次），筛选出4 377份优异资源。其中，鉴定出抗白叶枯病材料699份，抗稻瘟病材料75份，抗褐飞虱材料40份，

耐冷材料1 509份，耐旱材料1 923份，耐盐材料86份，耐热材料2份，糙米蛋白质高含量材料31份，高氨基酸含量材料12份。

小麦野生近缘植物：对新收集的411个居群鉴定了倍性水平及2n染色体数目，首次发现1个冰草属六倍体种的新类型，该种质原产于新疆。

野生大豆：对21个省388个县的995份野生大豆的优异资源进行了耐盐性和耐旱性的鉴定与评价，筛选出60份耐盐、耐旱性的优异资源，发现在黑龙江省塔河县依西肯乡、北京市平谷区等地存在极端耐旱的野生大豆资源；在河北省和天津市滨海新区渤海湾存在高耐盐碱野生大豆资源。开展了胞囊线虫等病虫害、耐盐碱、抗旱等逆境以及蛋白质和异黄酮等品质性状的联合鉴定，筛选出优异资源181份，特别是筛选出高蛋白含量10份，TB132的蛋白含量达到了56.53%，是目前发现的粗蛋白含量最高的种质；兼具抗病、抗虫、耐逆等3种优异性状的资源10份；评价了665份野生大豆对胞囊线虫的抗性，构建了1套包含101份野生大豆资源的抗胞囊线虫核心种质。通过分析与国内外常用抗原间的遗传关系，明确了我国抗病种质的基因型及优异基因资源类群；新发现3个抗原类群只包含野生大豆，与常用抗原遗传关系较远。这3个类型的抗病种质对于拓宽大豆遗传基础具有重要利用价值。

野生果树：对已收集的192份野生柑橘进行鉴定评价，共筛选出优异种质12份；鉴定野生苹果、野生梨、野生李资源746份，其中苹果资源644份、梨资源38份、李资源64份，共筛选出优异资源73份。

野生苎麻：对26个野生苎麻种的135份优异资源进行鉴定和评价，共筛选出野生苎麻优异资源26份；其中，高抗旱性野生苎麻3份、高耐瘠性野生苎麻4份、高保水能力和固土能力的野生苎麻1份、超高纤维细度野生苎麻6份、高粗蛋白含量高纤维素含量的野生苎麻4份、高叶绿素含量的雄性不育野生苎麻6份以及高绿原酸含

量的野生苎麻2份。

野生茶：完成了150多份资源的鉴定评价，为今后茶树新品种的选育和开发提供了重要的遗传材料。

中国农科院草原所羊草种质资源入圃（库）保存

加强原生境保护

2018年，中央投资3 803万元新建农业野生植物原生境保护点5处，面积1.1万亩。截至2018年底，中央累计投资3.1亿元用于农业野生植物原生境建设，共保护物种69种（类），保护面积34.52万亩，涉及28个省份的193个县级行政区；已经投资建设的农业野生植物保护点的生态系统、气候类型、环境条件具有很强的代表性，保护区内的农业野生植物居群较大或形态类型丰富，具有特殊的农艺性状，濒危状况严重且危害加剧，对粮食安全和农业可持续发展有重要影响。

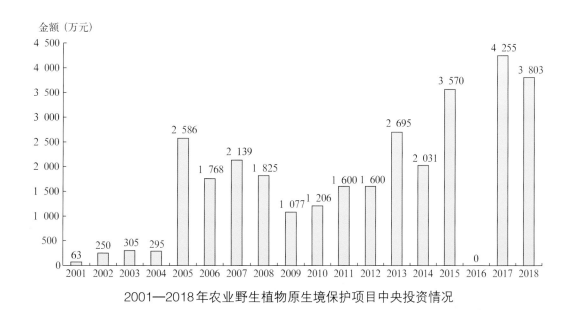

2001—2018年农业野生植物原生境保护项目中央投资情况

从2001年中央投资建设野生植物原生境保护点以来，将近20年，原生境保护点部分设施设备受天气状况的影响、人为因素的干扰，遭到不同程度的损坏。各地先后组织人员对损毁的工作路、排水渠、看护房、警示牌、水泥桩、铁丝网、栅栏等设施设备进行了更换、维修，保证了野生植物原生境保护点的管护工作顺利实施。山东省根据生态系统完整性和连通性的保护需求，将5个农业野生植物原生境保护点全部划入生态红线。湖南省实施全省农业野生植物原生境保护区绿盾2018专项行动，编印了《湖南省国家级农业野生植物原生境保护区画册》。湖北省对13个农业野生植物原生境保护点进行实地勘测，确定保护点范围，并对已勘测的农业野生植物原生境保护点进行矢量数据及图件制作，实现原生境保护点边界及功能区矢量化。

中国农科院按照《农业野生植物原生境保护点监测预警技术规范》的要求，继续在广西、湖北和宁夏选择野生稻、野生大豆、小麦野生近缘植物、野生茶树、野生荔枝、野生莲、野生金荞麦、野生花卉、野生药用植物的15个原生境保护点开展跟踪监测。农业农村部生态总站利用无人机低空遥感技术对广西、海南野生稻和江苏洪泽湖水生野生植物原生境保护区情况进行监测，并对保护点基础设施情况进行了综合评估。2018年的监测数据显示，保护点内目标物种的平均密度明显趋于稳定增长态势，样方内伴生物种的平均种类与株数也在增多，群落组成逐渐丰富，群落稳定性增强。

在加强保护的同时，各地还积极探索科学利用机制。河北省昌黎县保护点与河北省农科院合作，深入研究物种繁衍影响因素和生物学特征，并在缓冲区开展田间移栽和野外移栽试验。重庆市与西南大学合作，在石柱县野生莼菜原生境保护点组建了莼菜专家大院，建立了良种繁育基地和提纯复壮的优良莼菜种源基地，推广种植莼菜面积3 000亩，初步形成了在保护中开发、在开发中保护，以合理利用带动资源保护和培育的机制。

专栏2：湖北省开展农业野生植物原生境保护区功能区划

湖北省英山县穿龙薯蓣、盾叶薯蓣、八角莲原生境保护区的核心区面积710亩、缓冲区1 075亩、实验区7.3亩、抢救园7.58亩。2018年，保护区按照矢量化后总面积不减小、功能作用不降低的原则，结合实地勘测结果，拟合地形、地貌、生态环境等因素，形成了最终功能区划图。

湖北省英山县穿龙薯蓣、盾叶薯蓣、八角莲原生境保护区航拍图

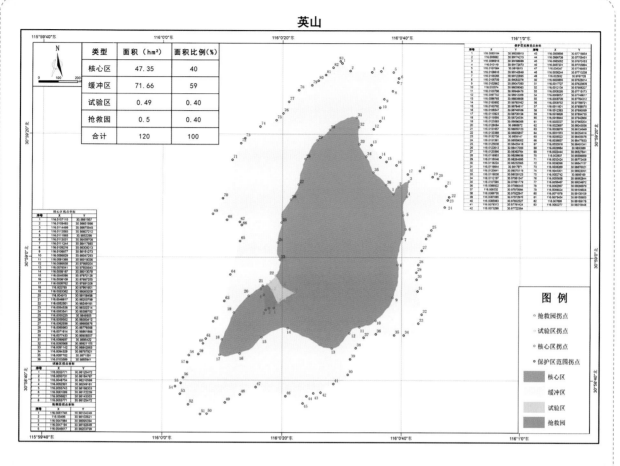

湖北省英山县穿龙薯蓣、盾叶薯蓣、八角莲原生境保护区功能区划图

专栏3：重庆市加强农业野生植物原生境保护区运行管护

重庆市在农业野生植物原生境保护区内均设有管护房，并且安排专人对保护区内植物生长情况进行监测，对保护区进行管理与维护。由于保护区建成时间较长，各保护区的标识牌、警示牌、围栏存在一定程度的损坏，保护区内杂草长势较旺，对保护植物的生长有一定影响。2018年，管护单位及时对遭破坏的设施进行修葺，对保护区内的杂草进行防除，确保了被保护物种的正常生长繁衍。

重庆市2018年度农业野生植物原生境保护点（区）管护工作记录样表

主管单位（公章）：黔江区农业委员会　　填表人：　　填表日期：2018年12月8日

保护点（区）名称	黔江区野生金荞麦原生境保护点				目标物种	野生金荞麦 *Rhizoma Fagopyri Cymosi*	
范围界限 与土地权属	范围界限 是否清楚	是	土地权属 是否清晰	是	土地使用权 是否到期	否	有无 纠纷	无
	情况说明	目前与农民签订租期30年						

（续）

保护点（区）名称	黔江区野生金荞麦原生境保护点			目标物种		野生金荞麦 *Rhizoma Fagopyri Cymosi*
基础设施与仪器管理	损坏设施设备名称	保护点围墙垮塌		损坏程度		一般
	损坏原因	年代已久				
	处理措施	垮塌部分进行维修				
运行管护经费	金额（万元）	5		来源		市农业生态与资源保护站
管护人员与规章制度	专职管护人员数量（人）	2	巡护频率	85%	应急处置次数	2
	建立规章制度名称	黔江区野生金荞麦原生境保护点管理维护制度				
主要威胁因素	人为因素（可多选）	□采摘 √□偷牧 √□其他				
	自然因素	洪涝	最关键因素	山石滑坡	新增威胁因素	无
	情况说明	保护区内有农民放牛				
	应对措施	围墙加固，安装不锈钢门，杂草清除，新建人行便道				
目标物种保护效果	有明显变化					
能力建设情况	资源调查与监测	√□单项调查或监测	开展单位	黔江区土肥站		
	其他科研活动	无	合作单位	无		
	科普室面积（平方米）	0	组织科普活动次数	0	科普人数（人次）	0
目标保护物种资源开发利用情况	类型	无				
	开发产品	无	保护点（区）年收益（万元）	无		
	合作单位	无				
备注						

专栏4：广西壮族自治区开展农田生态价值评估

2016—2018年，广西壮族自治区按照《广西壮族自治区人民政府办公厅关于印发广西生态服务价值评估方案的通知》（桂政办发〔2016〕69号）和《广西生态服务价值评估方案》文件精神，开展农田生态服务价值评估工作，并形成评估报告。

按照《评估方案》每年收集相关数据指标22项，使用市场价格法、费用分析法、影子价格法、替代成本法等方法，评估出广西农田生态系统服务价值一级指标3项，即直接经济价值、间接经济价值、生态与环境价值；二级指标8项，即食物及原材料供给价值、旅游服务价值、固碳释氧价值、净化大气价值、水源涵养价值、防护与减灾价值、积累营养物质价值、保持土壤价值；三级指标18项，即农业价值、休闲观光农业旅游价值、固碳价值、释氧价值、吸收二氧化硫价值、吸收氟化物价值、吸收氮氧化物价值、滞尘价值、涵养水源价值、调蓄洪水价值、积累氮价值、积累磷价值、积累钾价值、固土价值、保持土壤氮量价值、保持土壤磷量价值、保持土壤钾量价值、保持土壤有机质含量价值。

经连续3年评估，农田生态系统服务价值量具体如下：①直接经济价值：2015年2 004.7亿元，2016年2 077.60亿元，2017年2 009.94亿元；②间接经济价值：2015年54.3亿元，2016年74.23亿元，2017年94.41亿元；③生态与环境价值：2015年2 184.5亿元，2016年2 169.35亿元，2017年3 524.61亿元；④总价值量：2015年4 243.5亿元，2016年4 321.18亿元，2017年5 873.96亿元。

2015—2016年广西农田生态系统服务价值评估报告

专栏5：农业部生态总站组织召开农田生态系统生物多样性保护专家研讨会

　　2018年1月，农业部生态总站在北京市召开农田生态系统生物多样性保护专家研讨会。与会专家围绕农田生态安全格局优化、生态景观沟路林渠建设、农林农牧复合系统有机整合、农田半自然生境保护、退化农田生态修复等进行研讨。王久臣站长、李少华副站长出席会议并讲话。全国各地相关科研单位和高校的近30位专家参加了研讨会。

农田生态系统生物多样性保护专家研讨会

外来入侵生物防治

开展调查监测与防控

2018年，全国各地对本地区外来入侵物种进行调查监测，结果显示，各地外来入侵物种发生种类的数量存在较大差异。入侵种类最多的省份是云南（42种），其次是贵州（32种）、广西（31种）、海南（29种）、河南（28种）、四川（28种）等，其中超过20种的省份有11个。近期新发入侵物种较多的省份为新疆（6种）、重庆（5种）、河南（3种）等。在调查工作的基础上，开展了紫茎泽兰等20余种外来植物重点监测，明确了它们在我国的地理分布、时空发展过程以及潜在入侵动态，确定了未来传入和扩散的高风险区，划定了重点监测的区域和地点，初步构建了重要入侵物种监测网络。

在水生入侵生物方面，2018年针对主要外来水生入侵物种福寿螺、罗非鱼、革胡子鲶和豹纹脂身鲶（清道夫）等，开展了跨流域的定点监测和时间上的定时连续监测。全年调查入侵物种16种，未发现新入侵物种，建立地面监测点32个，开展现场灭除活动10次，发动人员65人，采集标本2 000余份，发放宣传资料200份。

吉林省2018年少花蒺藜草和刺萼龙葵等危险性外来入侵物种发生面积19.6万亩，比2017年增加1.7万亩，造成经济损失1 125.7万元。全省采用人工铲除、机械铲除和化学药剂灭杀等方法，集中灭除刺萼龙葵和少花蒺藜草17.2万亩，综合防控率为87.88%。其中，少花蒺藜草发生面积11.6万亩，比2017年增加1.2万亩，造成经济损失344.78万元，集中灭除少花蒺藜草9.9万亩，综合防控率为85.1%；刺萼龙葵发生总面积8万亩，比2017年增加0.5万亩，造成经济损失781万元，集中灭除刺萼龙葵7.3万亩，综合防控率为91.9%。

陕西省调查外来入侵物种野燕麦、节节麦、水花生、水葫芦、烟粉虱5种外来入侵物种，共计发生面积28.7万亩，造成经济损失1 226.9万元。其中，野燕麦发生面积5.2万亩，造成经济损失456.9万元；节节麦发生面积4.3万亩，造成经济损失235.9万元；水花生发生面积19.2万亩，造成经济损失534.1万元；水葫芦发生面积300余亩，无经济损失；在榆林市靖边县调查烟粉虱外来入侵物种，烟粉虱发生面积2亩，经济损失不详，全年组织灭除活动4次，发动人员110人，防除面积3.3万亩。

河北省重点对刺萼龙葵、黄顶菊、少花蒺藜草、刺果瓜、印加孔雀草等主要外来入侵植物开展调查监测。调查结果显示，以上5种入侵物种的发生面积超过15万亩，分别在这些入侵生物的重发区、扩散区、未发生的适生区（缓冲区）设立了26个长期监控点，在监控对象的苗期和花期各开展一次调查监测，并及时采集上报监测数据。

广西壮族自治区开展豚草调查与监测预警试点，监控面积2.5万亩，沿4个边境县开展了农业湿地外来入侵生物调查，完成了有益植物竞争选育试验，替代及综合防控外来入侵生物6万亩。

湖北省针对水花生、水葫芦、大漂、福寿螺等危险性外来入侵生物开展调查和监测预警，继续在洪湖、长湖、荆江、梁子湖、沉湖、三峡库区等六大流域的9个县市的15个水花生叶甲越冬繁育基地开展管护工作，基地面积共2 045亩，繁育的虫源可覆盖核心防治面积30多万亩，辐射防治面积在170万亩以上。

甘肃省对外来入侵物种调查发现，山丹县境内野燕麦发生面积约27.5万亩，造成危害面积约4.1万亩；毒麦发生面积约11.2万亩，造成危害面积约1.5万亩。在白银市等地区重点开展了苹果蠹蛾、美洲斑潜蝇物理化学防治等示范灭除防控工作。

截至2018年，全国共完成入侵生物本底数据及文献调查712种，确认农林入侵生物635种（植物381种、动物178种、病原微生物76种），其中评估确认为重大/重要入侵生物的有120余种。在这635种外来入侵生物当中，陆生植物和陆生无脊椎动物所占的比例较高，达到60%以上。在国家财政资金的支持下，相关科研院校和各省农业环保站认真开展调查工作，构建了"中国外来入侵物种数据库"，收录外来物种1 000余种，潜在外来入侵生物1 600余种；评估了500余种入侵物种的风险等级；收录了70余种重要入侵生物的检测监测技术、40余种重要入侵生物的生物防治技术、120余种入侵生物的应急处置预案。通过对外来物种扩散蔓延的重点生态区和重点扩散路径等开展调查，已经基本明确了我国入侵生物的种类和分布动态，制作入侵生物电子图集（形态识别、分布、发生与危害等）10多万张，入侵生物标本20多万号。

辽宁省开展外来入侵生物调查

重庆市开展外来入侵生物防治与宣传

内蒙古自治区刺萼龙葵发生情况与防治

专栏6：四川省青神县水花生天敌防控示范

四川省青神县水花生天敌繁育基地以入侵柑橘园和烟草田的水花生为主要防控对象，采用天敌防除法，研究天敌投放时间、投放量、环境因素等对控制水花生效果的影响，逐步摸索相应的助增技术。相关成果和技术逐步辐射到眉山及周边县市，为当地及周边地区农田水花生防控提供了理论依据和技术支撑。

2018年相关研究结果表明，水花生天敌莲草直胸跳甲对低温的耐受性差，越冬数量有限，严重影响来年对水花生的控制效果。项目组建造人工扩繁池作为天敌冬季庇护所，考察天敌对不同越冬措施的响应及控害效能。

柑橘园的生物防治试验结果表明，由于生防天敌自然扩散速度较慢，采取少量虫源单点投放的方式在前期对水花生的控制效果有限，但在100天后直到冬季水花生自然死亡期间能够达到85%以上的防效。

投放前　　　　　　　　　　　投放后60天

投放后100天

投放后160天

专栏7：贵州省紫茎泽兰替代示范

贵州省针对分布较广的紫茎泽兰建立综合防控示范点，分别在关岭县、水城县建立以白刺花和猕猴桃为主的替代紫茎泽兰核心区0.05万亩、示范区1万亩，辐射推广15万亩。2018年研究结果表明，替代后产生的生态经济效益明显，在一定范围有效抑制防治区域紫茎泽兰的蔓延危害。关岭县白刺花替代紫茎泽兰示范点建成后，当地养蜂人员逐渐增加，目前已带动农户脱贫60余户。同时，显著提高了该区域生态系统抵抗力和承载力，改善了石漠化景观。水城县猕猴桃替代示范区除了为当地农户带来直接经济效益外，还提高了土地利用率，减少了紫茎泽兰适宜的入侵生境，起到了预防作用。

贵州省关岭县白刺花替代紫茎泽兰试验示范

专栏8：广西壮族自治区开展豚草生物防控试验

从2015年起，广西壮族自治区农业生态与资源保护总站同广西农科院合作开展了《农作物病虫鼠害疫情监测与防治经费（外来入侵生物防治）》的子项目《广西农业野生植物保护点及其周边外来生物豚草清除》工作，先后在广西农科院武鸣区科技示范基地和来宾市农科所凤凰科研示范基地建立了豚草天敌繁殖基地，生产广聚萤叶甲并进行野外投放防控试验。建设完成繁殖大棚6个共1 200平方米，扩繁广聚萤叶甲1 050万头以上，所有投放的天敌种群都成功定殖，于2018年8月通过了专家组的现场查定。近年来，还在来宾市兴宾区红河农场及蒙村镇等连片区域有豚草入侵的乡及村级公路两边种植象草替代防控，替代防控效果较好，经验收组验收，成活率达85%以上、综合利用达90%以上。

广西农业野生植物保护点及其周边外来生物豚草清除项目现场查定会

专栏9：中国农科院试验入侵植物无人机智能监测

2018年，中国农科院科研人员利用无人机基于AlexNet的局部响应归一化（LRN）函数、GoogLeNet的Inception结构和VGG-Net的连续卷积思想构建了入侵植物图像识别的深度卷积神经网络InvasivePlantNet，共47层。利用InvasivePlantNet对5块待监测区域的完整植被图像进行识别，并计算各种入侵植物面积。待监测区域位于广州市九龙镇新南地铁站，总面积约23 560平方米。其中，白花鬼针草818.2平方米，光荚含羞草872.8平方米，藿香蓟431.4平方米，薇甘菊2 289.6平方米。

白花鬼针草　光荚含羞草　藿香蓟　薇甘菊

待监测区域及识别结果

加强科普宣传和业务培训

一、编辑出版著作和科普读物

组织编印出版著作和科普读物50余部/套，包括《入侵生物学》（教材）《生物入侵：中国外来入侵植物图鉴》《生物入侵：中国外来入侵节肢动物图鉴》《入侵生物识别图册》《农业外来入侵物种知识100问》《认识我国常见的外来水生生物》《国家重点管理外来入侵物种防治技术手册》等。

二、打造各类网络多媒体科普平台

利用农业农村部生态总站微信公众号、外来生物预防与控制中心（www.invasivespecies.org.cn）、中国外来入侵物种数据库（http://www.chinaias.cn）、入侵植物图像识别APP系统等平台普及科学知识。其中，中国外来入侵物种数据库累计访问量超过2 000万人次；制作红火蚁、黄顶菊、豚草等入侵种综合防治视频/动画片/科普讲座20余部。组织中国农科院专家进入中小学课堂开展科普讲座30余人次。通过青少年科技人才创新后备计划，指导培养青少年学生开展生物入侵科技创新实验。江苏省在省站微信公众号开设资源保护科普宣传专栏，发布《美丽娇艳的水上杀手——凤眼莲》《遇到水花生，请这样操作》等原创小文，并对新出现的农田外来入侵物种节节麦发生状况和防控知识进行科普宣传。

三、开展网络远程培训

利用北京的网络直播教室开展远程培训2期，邀请农业领域知名授课专家3人，对各地生物入侵防治相关技术管理人员、基层农技人员和农民进行远程培训，培训近6万人次。制作并在互联网网站和手机APP上发布外来生物入侵等精品网络课件3个，进一步为社会公众和相关管理、技术人员提供有关技术知识的在线持续性学习，成为上情下达最直接、最快速的渠道之一，受到各地生物入侵防治相关技术管理人员、基层农技人员的广泛好评。

农业面源污染防治

开展农业面源污染例行监测

2018年，继续利用农业面源污染国控监测网，开展常态化例行监测。布设273个农田氮磷流失系数国控监测点，监测分析农田氮磷流失情况；选取2万个左右的田块开展农业面源污染调查，主要调查田块种植制度、化肥使用情况、地膜使用及回收利用情况等；布设210个农田地膜残留污染国控监测点，调查监测农田地膜使用、覆盖、残留情况；选择25处典型规模化畜禽养殖场，开展畜禽养殖废弃物产排污定位监测，更新畜禽养殖废弃物产排污系数，开展规模化畜禽养殖场及周边抗生素使用和污染状况调查监测。调查监测结果为全国农业面源污染防治工作提供了科学、有效的参考依据。

专栏10：宁夏回族自治区加强农田氮磷流失监测

2018年，宁夏回族自治区在抓好10个国家级农田氮磷流失监测点的同时，按照当地农业生产布局和各产业实际施肥情况，围绕宁夏"1+4"特色优势产业，积极争取项目资金，又增设了6个自治区级农田氮磷流失监测点。全年对玉米、小麦、马铃薯、大田蔬菜、保护地蔬菜及枸杞等宁夏主要农作物农田氮磷流失情况进行了跟踪监测，共采集土样、植株样和水样1 933个，分析12 109项次，监测结果成为测算西北地区农业面源污染氮磷流失的重要依据。

农田氮磷流失淋溶监测点取水样

推进第二次全国污染源普查

2018年，各地各级农业农村部门按照《全国农业污染源普查方案》要求，完成了30.2万个典型田块、6.8万个畜禽养殖户、2.9万个水产养殖单位的抽样调查工作，在258个县开展地膜使用和残留情况调查，在120个县开展秸秆产生和利用调查。组织开展原位监测，在全国布设了300个种植业、214个畜禽养殖业、186个水产养殖业原位监测点，开展周年监测，获取农业源主要水污染物产生和排放系数；在258个县布设3 870地膜残留原位监测点，开展残留量和残留系数测算；围绕13种主要农作物，在120个县布设5 000个秸秆产生量原位监测点，测算秸秆谷草比。

6月，农业农村部在重庆市召开全国农业污染源普查工作推进会，听取各省工作进展，部署下一步种植业源、畜禽养殖源、水产养殖源以及地膜、秸秆调查工作。会议要求，全国农业污染源普查推进组要切实加强工作指导，构建统筹协调、定期调度、分工负责、督导检查的工作机制，加快普查监测点位布设和核实，确保按时、保质、保量完成普查任务。

农业农村部科技教育司李波副司长出席
全国农业污染普查工作推进会

农业农村部生态总站组织开展现场培训省、地两级普查机构技术骨干、师资力量2 000人次，各级农业源普查机构培训调查监测人员3.5万人次。通过新闻发布会、视频会以及农业信息网等媒体，强化农业污染源普查宣传，广泛动员社会力量，营造全社会关注、支持和参与的良好氛围。

第二次全国污染源普查农业源技术培训班

专栏11：江西省举办农业污染源普查质量控制技术培训

2018年11月，江西省第二次全国农业污染源普查工作领导小组办公室在吉安市举办第二次农业污染源普查质量控制技术培训班。全省、市、县（市、区）农业普查办人员、各专题审核员共300余人参加了培训，培训班邀请专家讲解了农业污染源普查质量控制的内容和要求、数据采集系统操作流程等内容，并组织了培训测试，有效指导了江西省农业污染源普查质量控制工作。

江西省第二次农业污染源普查质量控制技术培训班

推进重点流域农业面源污染综合治理

2016年，国家发展改革委会同农业部启动了重点流域农业面源污染综合治理试点项目。到2018年，在洱海、洞庭湖、鄱阳湖等10个重点水源保护区和环境敏感流域选择65个县重点典型农业小流域，开展农业面源污染综合治理；其中，2018年新增25个县，治理区覆盖农田面积169.77万亩。项目主要建设内容为农业面源污染防治、畜禽养殖污染治理、水产养殖污染减排、地表径流污水净化利用工程等，项目建设期一般为2年。项目总投资25.82亿元。预期建成后示范区内化肥、农药使用量减少2%以上，村域混合污水及畜禽粪污综合利用率达到90%以上，秸秆综合利用率达到85%以上，化学需氧量、总氮、总磷排放量分别减少40%、30%和30%以上。

项目实施以来，农业农村部对农业面源污染综合治理试点项目案例进行梳理凝练，初步总结出了湖北安陆、云南洱海、江苏太仓、浙江平湖、湖南赫山等五大模式案例，为各地开展农业面源污染综合治理提供了示范样板。

专栏12：河南省实施丹江口库区典型流域农业面源污染项目

2018年，河南省确定由栾川县、卢氏县承担丹江口库区典型流域农业面源污染综合治理试点项目。项目总投资7 500万元，其中中央补助资金6 000万元、省级配套资金1 500万元，治理区覆盖农田面积5.7万亩。项目主要建设内容为农业面源污染防治、畜禽养殖污染治理、地表径流污水净化利用工程等。预期成效为示范区化肥农药减量20%以上，畜禽粪便、生活污水处理利用率达到90%以上，农田废弃物综合利用率90%以上，化学需氧量、总氮排放量分别减少40%、30%以上。

集成农业面源污染综合防治技术模式

2018年，农业农村部生态总站将列入全国十大引领性技术之一的"南方水网区氮磷污染治理集成技术"在江苏省和湖北省开展示范。该技术主要针对南方水网区水系发达、区域农田氮磷施用量大、流失氮磷养分迅速排至河道水体易造成水体富营养化等问题，集成高产环保的农田养分

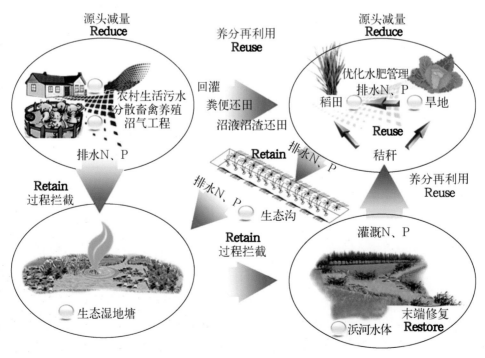

南方水网区氮磷流失治理集成技术示意图

精投减投、流失氮磷的多重生态拦截、环境源氮磷养分的农田安全再利用和富营养化水体的生态修复四大关键技术，形成可复制可推广的"源头减量（reduce）——过程拦截（retain）——养分再利用（reuse）——末端修复（restore）"集成技术模式，可有效实现减投减排、增产增效和区域水环境改善的"三赢"。9月，在江苏省太仓市举办农业面源污染综合防治技术培训班，宣传介绍该项技术，培训南方水网区有关省份的基层农业环保人员，大力加强技术宣传推广。

黔南州贵定县盘江镇红旗村生活污水处理项目点

专栏13：贵州省探索农村生活污水治理技术模式

2018年，贵州省以新农村建设与环境综合整治工作为抓手，开展农村生活污水治理工程技术模式探索，下达新农村建设与环境综合整治项目资金3 000万元，建设示范村20个。全省农业部门集成研发了山地无动力污水处理技术、太阳能微动力人工湿地处理技术、生态型立体微循环生化反应集成系统、截流式农村污水收集与面源污染控制集成系统等多种适应贵州山区农村的污水处理技术模式，建设的污水处理试点具有景观效果好、投资省、运行费用低、管理维护简单的特点。

黔西南州安龙县响乐村生活污水处理项目点

专栏14：浙江省氮磷生态拦截沟渠系统入选省"水十条"考核亮点工作

2018年，浙江省在总结金华、湖州、衢州等市实践基础上，率先整省探索建设农田氮磷生态拦截沟渠系统示范点建设。全省共建成201条，预计沟渠汇水区域农田排水主要污染物、磷减排量超过30%，可有效控制农业面源污染，改善农田生态和美化农田环境。平湖市活罗浜灌区农田氮磷生态拦截沟渠系统水样监测总磷等指标下降40%左右，水质提高一个等级以上，基本上能达到Ⅲ类水标准。该项工作作为浙江省五大特色亮点之一入选国家"水十条"考核范围。

余杭区径山镇生态拦截沟渠

泰顺县筱村镇生态拦截沟渠

地膜回收利用

加强政策机制创新

自2018年5月起，正式实施的《聚乙烯吹塑农用地面覆盖薄膜》（GB 13735—2017）标准突出了"三提高一标识"，即提高了地膜厚度、力学性能、耐候性能和应在产品合格证明显位置标识"使用后请回收利用，减少环境污染"字样。8月，正式出台《中华人民共和国土壤污染防治法》，明确要求加强农用薄膜使用控制，落实了农用薄膜生产者、销售者和使用者及时回收废弃农用薄膜的法律责任。

农业农村部会同有关部门起草了《农用薄膜管理办法》（征求意见稿）和《关于加快推进农用地膜污染防治的意见》（征求意见稿），加大对农膜生产、流通、使用、回收利用等各环节监管。在甘肃、新疆建设了4个生产者责任延伸机制试点县，探索地膜回收责任由使用者转到生产者，农民由买产品转为买服务，推动将地膜回收与地膜使用成本联动。

各地不断创新地膜回收模式，甘肃省广泛开展高标准地膜"以旧换新"活动，在领取补贴地膜的同时，按照不小于1∶5的比例上交旧膜；针对流转土地地膜无序使用、旧膜残留突出、监管难度大的问题，在民乐、山丹、临泽等地探索开展了收取回收保证金的模式，有效遏制了土地流转大户对耕地"只用不管"的现象。新疆充分发挥财政资金撬动作用，通过先建后补的方式，进一步完善废旧地膜回收加工企业和标准化回收网点建设。

继续实施农膜回收行动

一、组织实施农膜回收行动

2018年，中央财政转移支付投入4.51亿元用于地膜回收示范县建设，其中甘肃2.19亿元、新疆1.58亿元、内蒙古0.74亿元。组织召开了农膜回收行动工作推进会、地膜机械化捡拾回收现场会、生产者责任延伸试点县实施推进会、全生物降解地膜研讨会、农膜回收生产者责任延伸制度企业代表座谈会等会议，全面推动农膜回收行动。指导甘肃、新疆、内蒙古3省份分别成立了由分管副厅长担任组长、各有关单位参与的推进落实领导小组，推进各项措施落实，各示范县成立了由政府负责同志任组长，相关部门及各乡镇主要负责人为成员的废旧农膜回收利用工作领导小组，严格落实属地化管理责任，统筹规划，明确分工，确保了各项工作扎实有序开展。

甘肃省将废旧地膜回收利用工作列入省委1号文件，省农牧厅将该项工作纳入与各市（州）农牧部门签订的目标责任书之中，作为重要指标列入县乡政府考核内容，将废旧农膜回收利用与地膜覆盖技术推广工作同部署、同检查、同考核，对工作不得力、监管不到位、农田地膜残留问题突出的地方进行公开曝光和行政问责，严格落实乡、村两级政府组织捡拾回收废旧农膜的工作职责，层层传导压力，形成"县负总责，乡村抓落实"的工作机制，建立责任明晰、分工明确、齐力推进的责任体系。

内蒙古自治区将农膜回收行动纳入"自治区农牧业十大行动"三年计划，全区各级农牧业部门加大了工作力度，召开电视电话部署会议，按照事前有部署、事中有监督、事后有总结的要求，开展农膜回收工作，确保各项任务落到实处。

新疆印发了《关于印发自治区2018年创建废旧地膜回收利用示范县项目实施方案的通知》，按照"大专项+任务清单"工作要求，对项目县、市实施方案进行了审核批复，层层分解了任务、明确责任人，在县域开展农田地膜秋季回收行动。

从实施成效上看，试点效果初步显现，"白色污染"已得到有效控制，西北3省100个示范县的回收利用水平明显提升。内蒙古、新疆、甘肃3省份100个地膜回收示范县面积已达5 500多万亩，占总覆盖面积的56%。

二、加强农膜回收宣传培训

农业农村部和各地在农膜回收行动中，广泛利用各类现代媒体，不断加大宣传推介力度，全方位、多角度地宣传行动的成效经验。先后举办了工作推进会、现场观摩会等一系列活动，组织各地挖掘典型案例、工作亮点、模式创新等。农民日报整版报道了甘肃、新疆、内蒙古3个省份农膜回收行动成效、典型案例、科技创新等，有效展示了农膜回收行动开展以来的工作成效，在行业内引起了积极反响。甘肃省、新疆自治区的农膜回收行动工作情况还先后通过新华社，在各大主流媒体宣传报道。甘肃省临泽县地膜回收工作在人民日报进行了专刊报道。

同时，各地通过多种方式加大技术培训力度。甘肃省举办现场培训班、观摩会，借助各种传统媒体和新媒体平台，结合发放资料、流动宣传、专项整治等方式，开展宣传培训2 642次，累计培训约33万人次，影响范围遍及全省，社会认同度显著增强。新疆自治区通过召开电视电话会议、项目培训会，开展各类培训489次，累计培训约7万人次。内蒙古自治区举办了现场观摩培训班、新国标宣贯培训班，印制了新国标宣传材料，向农户、地膜生产企业、销售网点免费发放。

专栏15：我国地膜覆盖面积及使用量

2017年，全国农膜使用量252.8万吨，较2016年减少2.88%；地膜使用量143.7万吨，较2016年减少2.24%；地膜覆盖面积2.8亿亩，较2016年增加1.45%，约占耕地面积的13.84%。其中，新疆、山东、甘肃、内蒙古、云南、河北、四川、河南、湖南等9个省份的地膜覆盖面积均超过1 000万亩，合计1.99亿亩，占全国地膜覆盖面积的71.07%。

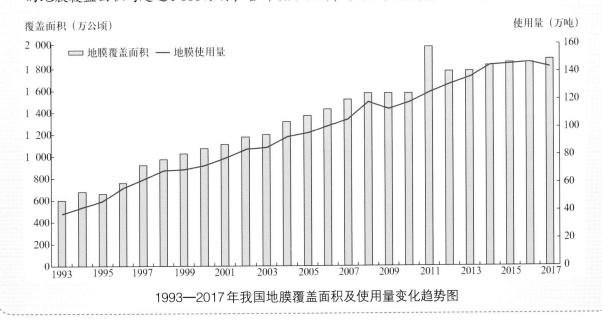

1993—2017年我国地膜覆盖面积及使用量变化趋势图

强化科技支撑与监测评价

一、加强回收科技创新

依托国家农业产业技术体系，组建地膜回收专家指导团队，全程参与100个示范县残膜监测工作，充分发挥专家决策咨询和科技支撑的作用。利用国家废弃物循环利用创新联盟、重点研发计划等平台，组织开展科技攻关、技术示范和服务对接工作，重点突破新疆棉田地膜机械化回收难题。完成《全国可降解地膜对比评价试验技术报告（2015—2017年）》，对前3年的试验工作进行了全面分析和梳理。研究制订《2018年全生物降解地膜对比评价筛选技术方案》，结合十大引领性技术的示范推广，在13个省份选择前3年试验中产品性能稳定、表现良好的全生物降解地膜产品开展对比评价试验示范，同时选择部分省份开展地膜材料及其中间物环境安全影响评价试验。

二、开展回收监测评价

农业农村部利用210个国家级地膜残留监测点继续开展例行监测，推动地方建立省级监测点，组成了国家与地方结合的地膜监测网络，开展地膜使用、回收、残留的监测评价工作。将地膜回收纳入省级农业农村部门污染防治工作延伸绩效考核，对重点省份进行考核督导。联合有关部门强化地膜生产企业的监管和标准地膜实施效果的考核评价，将考核结果作为地膜企业参与招标的重要条件，激励引导企业按标准生产，规范市场秩序。

农业农村部生态总站印发了《农膜回收行动监测方案》，以100个示范县为重点，建立地膜监测常态化工作机制，形成地膜回收行动的数据平台，以期建立地膜生产、使用、回收、利用的全程考核机制，检验示范县实施成效。指导3省区布设监测点，按照统一操作规程，开展定位监测，按年度采集数据并上报。组织国家卫星测绘应用中心等单位对100个示范县开展遥感监测，客观反映当前地膜覆盖面积情况。撰写形成了《2018年西北重点地区农膜回收示范县监测分析报告》和《2018年西北重点地区农膜回收示范县监测情况图册》。

专栏16：辽宁省"农田残膜污染现状普查及防控技术研究与应用"获得省科技贡献一等奖

2018年，原辽宁省农业环境保护监测站作为项目主持单位，与辽宁省农业科学院、农业农村部生态总站联合申报了"农田残膜污染现状普查及防控技术研究与应用"，获得辽宁省科技贡献一等奖。

专栏17：北京市开展全生物可降解地膜筛选田间试验示范

2018年，北京市选取马铃薯和露地蔬菜，在平谷、房山和通州3个区对3种全生物降解地膜开展对比评价筛选，试验面积500亩。在实地调研的基础上，组织专家研讨，制订技术方案；开展3个试验点、3种降解地膜、24个观测小区土壤温度和作物生长发育等指标测定；完成210次地膜降解情况观测；分析地膜的降解情况以及地膜覆盖对农田土壤温度、土壤含水量和产量的影响，全面评价可降解地膜的降解情况和在北京地区农业生产中的适用性，为其在北京市的应用推广提供数据支持，从根本上解决农用地膜残留问题，保障农业的可持续发展。

北京市全生物可降解地膜筛选田间试验示范

地膜收样

农产品产地环境管理

完善农产品产地环境管理政策

一、推动出台相关政策标准

2018年，农业农村部为配合《中华人民共和国土壤污染防治法》实施，组织编印了《中华人民共和国土壤污染防治法释义》，指导行业开展土壤污染防治工作。会同生态环境部等13个部委联合印发《土壤污染防治行动计划实施情况评估考核规定》（环土壤〔2018〕41号）。根据考核工作整体安排，组织编制了《受污染耕地安全利用率核算办法》，指导地方对本地区受污染耕地安全利用率开展自评估；牵头编制并出台了农业行业标准《耕地污染治理效果评价准则》（NY/T 3343—2018），编制了《耕地土壤环境质量类别划分技术指南》和《受污染耕地治理与修复导则》；编制了《轻中度污染耕地安全利用技术名录》，指导地方开展受污染耕地安全利用。

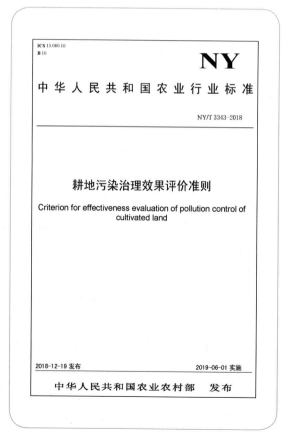

耕地污染治理效果评价准则

二、开展耕地土壤环境质量类别划分试点

2018年，农业农村部在河南、湖南和江苏3省选择6个县开展类别划分试点工作，编制了《耕地土壤环境类别划分试点补充技术要点》，协助试点地区比选筛选了4种类别划分方法。根据试点结果修改完善《农用地土壤环境质量类别划分技术指南（试行）》。

耕地土壤环境质量类别划分试点启动会

专栏18：江苏省开展耕地土壤环境类别划分试点

江苏省作为首批耕地土壤环境类别划分试点省之一，率先在贾汪、太仓、邗江3县（市、区）启动耕地土壤环境质量类别划分试点。先后印发《关于开展江苏省耕地土壤环境质量类别划分试点的通知》《江苏省耕地土壤环境质量类别划分试点实施方案》，形成分类清单，绘制分类图，完成技术报告、工作报告等；与生态环境厅联合印发《江苏省耕地土壤环境质量类别划分工作计划（2018—2020年）》，指导全省有序开展耕地土壤环境质量类别划分工作。

组织编写并印发《江苏省受污染耕地安全利用工作计划（2018—2020年）》《江苏省受污染耕地治理与修复工作计划（2018—2020年）》《江苏省受污染耕

地种植结构调整或退耕还林还草工作计划（2018—2020年）》，为有序推进农用地土壤污染治理工作提供规范和依据。

江苏省耕地土壤环境质量类别划分相关文件

江苏省耕地土壤环境质量类别划分试点启动会

开展土壤重金属污染监测

2018年，农业农村部会同生态环境部出台了《国家土壤环境监测网农产品产地土壤环境监测工作方案（试行）》（农办科〔2018〕19号），明确了"十三五"期间农产品产地土壤环境监测的工作内容、技术要求和组织分工，固化了农业农村部门在农产品产地土壤环境监测工作中的职责。组织开展农产品产地环境监测整合工作，将现有相对独立的农产品产地土壤、农田氮磷流失、秸秆、地膜、生物物种资源等农业环境监测工作按照内容和地块统筹整合，形成覆盖相关农业环境元素的监测网。依托覆盖全国31个省份和2个计划单列市392个市2 593个县的400 061

个农产品产地土壤环境监测点（国控监测点），继续开展农产品产地土壤环境监测工作。截至7月1日，30个省份及计划单列市提交了监测数据。农业农村部生态总站根据获得的数据，牵头编制完成了《农产品产地土壤环境监测报告（2017年）》。

监测显示，我国农产品产地土壤重金属含量在空间上表现为镉含量在西南和东南地区高，其他地区相对较低，西北和华北少数点位含量高，但集聚程度不高；其他7种元素（砷、铬、铜、汞、镍、铅、锌）在空间分布上无明显差异。所有监测点铬含量基本为绿色点位（≤标准值），但西南地区存在部分较为集中的高值监测点；所有监测点铅、砷、汞含量基本为绿色点位

（≤标准值），但西南和华南地区存在部分较为集中的高值监测点；所有监测点铜含量基本为绿色点位（≤标准值），但西南地区和东部地区存在部分较为集中的高值监测点；所有监测点锌、镍含量基本为绿色点位（≤标准值），但西南地区存在部分较为集中的高值监测点。

农产品镉含量明显表现为东南地区及西南部较高，存在部分较为集中的高值监测点；农产品铬、铅、砷、汞含量没有明显空间分布趋势。农产品铬，西藏、云南、江西、内蒙古存在部分较为集中的高值监测点；农产品铅，青岛、宁夏、西藏、上海存在部分高值监测点但分布较为分散；农产品砷，安徽、江西、上海、海南存在部分高值监测点但分布较为分散；农产品汞，西藏、上海、海南和江苏的农产品汞含量相对较高。

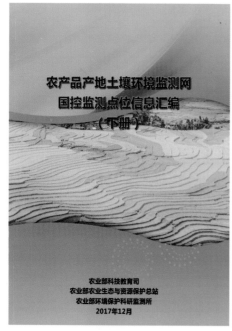

《点位信息汇编》和《农产品产地土壤环境监测报告（2017年）》

专栏19：农业农村部生态总站举办农产品产地例行监测及治理修复技术培训班

2018年7月，农业农村部生态总站在浙江省温岭市举办农产品产地例行监测及治理修复技术培训班。邀请相关专家围绕"土十条"落实情况及考核，产地环境工作和农用地土壤污染治理等问题进行了讲解。来自各省、自治区、直辖市、计划单列市的农业环境保护站及技术支撑单位管理和技术人员参加了培训。

农产品产地例行监测及治理修复技术培训班

农产品产地例行监测及治理修复技术培训班现场

农村可再生能源建设

加强农村可再生能源开发利用

一、农村沼气

2018年，全国户用沼气比2017年减少150.04万处，户用沼气数量逐步下降。截至2018年底，沼气用户3 907.67万户，年产沼气84.2亿立方米；各类沼气工程约10.8万处，总池容达2 197.81万立方米，年产沼气27.55亿立方米，供气户数达188.75万户，年发电量8.51亿千瓦时。为做好农村沼气收尾工作，国家发展改革委安排中央预算内投资约3亿元，支持部分省份沼气工程建设。

2013—2018年全国农村沼气发展情况（年末累计）

年份	户用沼气（万户）	沼气工程			
		合计（处）	小型（处）	中型（处）	大型（含特大型）（处）
2013	4 150.37	99 957	83 512	10 285	6 160
2014	4 183.12	103 036	86 236	10 087	6 713
2015	4 193.3	110 975	93 355	10 543	7 077
2016	4 161.14	113 440	95 183	10 734	7 523
2017	4 057.71	109 976	91 585	10 514	7 875
2018	3 907.67	108 059	89 761	10 332	7 966

二、生物质能

2018年，全国新增秸秆沼气集中供气19处，新增秸秆固化成型885处，新增秸秆炭化5处。截至2018年底，全国共建秸秆沼气集中供气384处，其中运行266处、供气户数7.64万户；秸秆热解气化集中供气559处，其中运行116处、供气户数4.67万户；秸秆固化成型2 331处，年产量686.8万吨；秸秆炭化82处，年产量27.2万吨。

2013—2018年，全国累计减少秸秆热解气化集中供气347处，减少秸秆沼气集中供气50处，新增秸秆固化成型1 271处，减少秸秆炭化23处。

2013—2018年全国生物质能发展情况（年末累计）

年份	秸秆热解气化集中供气（处）	秸秆沼气集中供气（处）	秸秆固化成型（处）	秸秆炭化（处）
2013	906	434	1 060	105
2014	821	458	1 147	103
2015	795	458	1 190	106
2016	766	454	1 362	106
2017	674	431	1 616	105
2018	559	384	2 331	82

三、太阳能

2018年，我国新增太阳房2 929处，面积24.37万平方米；新增太阳能热水器161.28万台，面积299.57万平方米；新增太阳灶7 176台。截至2018年底，太阳房达到29.18万处，2 529.76万平方米；太阳能热水器达到4 835.56万台，8 805.43万平方米；太阳灶达到213.58万台。

2013—2018年，全国累计新增太阳房2.25万处，面积84.21万平方米；新增太阳能热水器735.91万台，面积1 510.86万平方米；减少太阳灶12.86万台。

2013—2018年全国太阳能开发利用情况（年末累计）

年份	太阳房		太阳灶	太阳能热水器	
	数量（处）	面积（万平方米）	数量（台）	数量（万台）	面积（万平方米）
2013	269 304	2 445.55	2 264 356	4 099.65	7 294.57
2014	286 744	2 527.59	2 299 635	4 345.71	7 782.85
2015	290 448	2 549.37	2 327 106	4 571.24	8 232.98
2016	292 676	2 564.6	2 279 387	4 770.84	8 623.69
2017	291 144	2 540.98	2 222 666	4 792.64	8 723.50
2018	291 848	2 529.76	2 135 756	4 835.56	8 805.43

四、小风能

2018年，我国小型风力发电机组新增999台，新增装机容量6 453.55千瓦。截至2018年底，我国小型风力发电机组9.46万台，装机容量3.43万千瓦。目前，我国农村小型风力发电主要用于解决偏远地区农、牧、渔民生活和生产用能。

2013—2018年，我国小型风力发电机组累计减少2.01万台，累计减少装机容量546.84千瓦。

2013—2018年全国小型风力发电利用情况

利用情况	2013	2014	2015	2016	2017	2018
发电机组（台）	114 721	111 446	110 224	107 485	103 407	94 616
装机容量（千瓦）	34 800.39	34 704.31	34 505.42	35 720.38	33 170.39	34 253.55

五、微水电

2018年，我国新装微水电发电机组15台、装机容量25千瓦。截至2018年底，全国微水电发电机组1.97万台、装机容量5.29万千瓦。我国农村微水电资源主要集中在西部、中部和沿海地区。

2013—2018年，全国微水电发电机组累计减少1.2万台、装机容量4.39万千瓦。

2013—2018年全国微水电利用情况

利用情况	2013年	2014年	2015年	2016年	2017年	2018年
发电机组（台）	31 764	30 272	28 958	28 945	25 643	19 733
装机容量（千瓦）	96 755.6	93 908.63	90 982	86 835.94	62 711.92	52 902.24

推进农村可再生能源建设转型升级

一、推进农村沼气转型升级

1. 谋划推进生物天然气发展

农业农村部在前期三年试点的基础上，组织相关省能源办公室负责人和企业代表进行座谈，系统分析总结生物天然气试点工作成效，梳理了国内外生物天然气成功案例，形成了《关于加快农业废弃物资源化利用发展生物天然气的报告》，积极探索生物天然气配额制度和终端产品补贴制度，破解产业发展的体制机制障碍。

2. 积极参与农村人居环境整治

农业农村部生态总站积极推进行业发展与农业农村重点工作结合，发挥农村能源在改善农村人居环境中的重要作用，申报了自有履职项目"农村人居环境整治技术服务与提升项目"，主要用于以清洁能源开发利用为重点的农村人居环境整治技术试点示范。

3. 推进农业废弃物能源化利用

农业农村部制定《畜禽废弃物资源化利用工作绩效考核办法》《2017年度畜禽废弃物资源化利用工作绩效考核实施方案》，组织各单位对各省畜禽粪污资源化利用工作实地检查，并对辽宁等省开展第三方考核评估。围绕畜禽粪污资源化利用整县推进，通过实地调研和上报资料分析，在全国范围内遴选出10个以种养循环为主粪污资源化利用整县推进典型、以沼气集中处理和"PPP"为主的十大先进商业模式，提升生物天然气等产业的内生驱动力，通过典型示范的引领，推动粪污资源化利用工作。全面梳理沼气发电和生物天然气入网等政策规范，不断拓展畜禽粪污能源利用盈利渠道。推动甘肃、陕西等地编制以生物天然气为核心的粪污资源化利用试点示范方案。

全国农村能源发展交流研讨会

专栏20：全国农村能源发展交流研讨会在杭州召开

2018年11月，农业农村部生态总站在浙江省杭州市召开全国农村能源发展交流研讨会，吴晓春副站长出席会议。会议围绕"农村人居环境整治技术服务与提升"自有履职项目和农村能源综合建设项目，就部省共建的内容、形式、机制和财务管理等开展了研讨。全国各省份农村能源机构负责同志及业务骨干60多人参加了会议。

二、完善农村能源服务体系

2018年，全国减少省级实训基地4个、从业人员49人，减少地级服务站3个、从业人员15人，减少县级服务站79个、从业人员617人，减少乡村服务网点7 009个、从业人员13 926人，开展沼气生产工培训17 961人次、鉴定544人次，开展沼气物管员培训1 745人次、鉴定60人次。

截至2018年底，全国以沼气为主的农村能源服务体系中有省级实训基地49个，272人；地级服务站48个，256人；县级服务站1 001个，4 839人；乡村服务网点9.71万个、15.64万人，覆盖2 842.45万农户；31.47万人持有沼气生产工职业资格证书；3 773人持有沼气物管员职业资格证书。

专栏21：陕西省探索沼肥配送新模式

陕西省宝鸡市眉县田丰农业发展科技有限公司按照"经营化企业，配送化专业"的原则，在区域内以沼气工程为纽带，探索了"购＋储＋销"的三位一体沼肥利用模式。利用供销体系收储沼肥肥源，依托专业化沼肥配送机构，利用灌溉管道、沼肥配送运输车、沼肥储存池体系，结合"长输短运"模式，以市场规律定价，根据生产区域用肥需求，将沼肥输送到田间地头，年实现沼肥销售10万吨以上。

宝鸡市田丰沼肥配送模式——灌溉管道配送

三、强化行业标准建设

1. 加强行业标准管理

2018年，组织有关单位申报农村能源和农业资源环境标准项目21项；审查送审和报批标准14项；在北京组织召开了2次标准审定会，审定了《秸秆生物质油生产工艺技术规程》《秸秆生物质油产品质量》《沼气工程安全管理规范》《沼气工程技术规范 第1~5部分》《村级沼气集中供气站技术规范》等14项标准。

2. 参与国际标准化活动

2018年，新成立国际标准化组织沼气技术委员会（ISO/TC255）工作组5，组织开展5项沼气国际标准制定工作，已经发布实施1项；新注册2个沼气国际标准项目，发起3次投票，完成主席换届。10月，农业农村部生态总站作为国际标准化组织沼气技术委员会（ISO/TC255）主席和秘书处承担单位，在法国巴黎组织召开了

ISO/TC255的5个工作组会议及TC255大会，讨论了4项沼气国际标准的制定情况和1个技术报告的起草情况，商讨了第六次会议相关事宜及其他事项，形成了15项决议，新组建成立工作组6。同时，向ISO推荐杰出贡献奖专家，组织专家参与ISO/TC285炉灶国际标准编制，已经发布实施炉灶国际标准1项。

2013—2018年，农业农村部生态总站组织有关单位累计申报了175项农村能源、资源环境农业行业标准项目；累计组织18项农村能源农业行业标准有序开展编制工作；组织有关专家审定国家标准《沼肥肥效评估方法》和农业行业标准《秸秆生物质油生产工艺技术规程》《秸秆生物质油产品质量》《沼气工程安全管理规范》等66项；报批了农业行业标准《沼气工程远程监测技术规范》等62项，发布实施《生物质清洁炊事炉具》等361项标准。组织国内专家参与ISO/TC255和ISO/TC285国际标准化活动。组织开展《沼气生产、净化和利用方面的术语、定义和分级》《沼气工程火焰燃烧器》《户用和小型沼气工程》《沼气工程安全和环境影响》等沼气国际标准的制定工作。组织专家参与《清洁炉灶实验室测试方法》和《清洁炉灶实地测试方法》等清洁炉灶国际标准的制定工作。

专栏22：北京市出台农村"两气"安全生产地方标准

2018年，北京市农业农村局起草了《安全生产等级评定技术规范 第47部分：生物质气化站》（DB11/T1322.47—2018）、《安全生产等级评定技术规范 第48部分：沼气站》（DB11/T1322.48—2018）两项标准，6月15日由北京市质监局正式发布，10月1日起正式实施，为"两气"安全生产标准化的管理提供了依据。

北京市农村"两气"站安全标准宣贯及
安全运行培训班

北方农村绿色清洁取暖技术培训班

四、开展行业技术培训交流

2018年3月，农业农村部生态总站在辽宁省沈阳市举办北方农村绿色清洁取暖技术培训班，北方各省区农村能源办技术骨干近60人参加了培训，总结推广适宜在北方地区长期稳定运行的绿色清洁取暖技术模式，为北方地区广大农村冬季清洁取暖提供了可行模式和方案。4月，在湖北省荆州市举办了农村可再生能源长效运行机制培训班，来自全国各省农村能源办技术骨干近100人参加了培训，总结交流了各地农村能源建设管理运行的成功经验，引导各地提高工程的运营效果，进一步推进行业健康持续发展。6月，在安徽省合肥市组织召开了全国农村能源工作座谈会，来自全国各省农村能源办负责人和技术骨干近60人参加了会议，分析了当前面临的形势任务，交流研讨了下一步重点工作，明确新时代的发展思路。9月，在北京市举办了农村能源多能互补综合利用技术培训班，来自全国各省农村能源办青年骨干近80人参加了培训，通过培训提升了青年干部队伍素质，为系统的长远发展培养了后备力量。

专栏23：农业农村部生态总站举办全国农村可再生能源长效运行机制培训班

2018年4月，农业农村部生态总站在湖北省荆州市举办全国农村可再生能源长效运行机制培训班。与会人员现场参观公安县前锋沼气高质利用工程、公安县南坪镇南湖小区供气站、松滋市南海镇新果源水肥一体化工程和松滋市南海镇夹岗村集中供气站。

全国农村可再生能源长效运行机制培训班

专栏24：四川省开展农村能源安全生产宣传咨询日活动

2018年6月，四川省农村能源办、德阳市农业局、旌阳区农业局、孝泉镇政府四级联动，举办农村能源安全生产宣传咨询日活动。活动以"生命至上，安全发展"为主题，以农村沼气安全生产为重点，通过派发安全宣传生产单、悬挂活动主题横幅、展出宣传展板、循环播放户用沼气安全使用视频和户用沼气应急演练视频；利用巡回播放车及广播村村通，在四川卫视四台播放安全生产警示片等进行宣传。针对农村沼气意外事故发生的薄弱环节，省农村能源办走访沼气农户，现场对农户进行规范的出料操作培训，宣传安全使用知识，排查处理安全隐患。活动共发放各类宣传资料5 000余份，接待群众咨询约1 000人次。

四川省农村能源安全生产宣传咨询日活动

专栏25：浙江省推进农村沼气设施安全处置

2018年，浙江省争取财政资金1 800万元，安全处置农村废弃沼气2万处，其中完全拆除（含填埋）8 394处，采取水泥板封闭、料液清空并注清水等措施封存11 537处。此外，对正常运行的农村沼气设施加强维护和管理，出台《浙江省农村沼气安全生产责任和工作建议清单》，全面推行"两张清单"制度，确保农村沼气设施稳定运行。同时，加强从业人员技术培训，对沼气工程开展技术指导与服务，全年累计组织检查、技术指导5 720次，参与检查指导14 116人次，印发宣传手册3.7万份、推送信息2 508条，制作警示牌2.7万余份，确保沼气工程稳定运行，全年安全生产零事故。

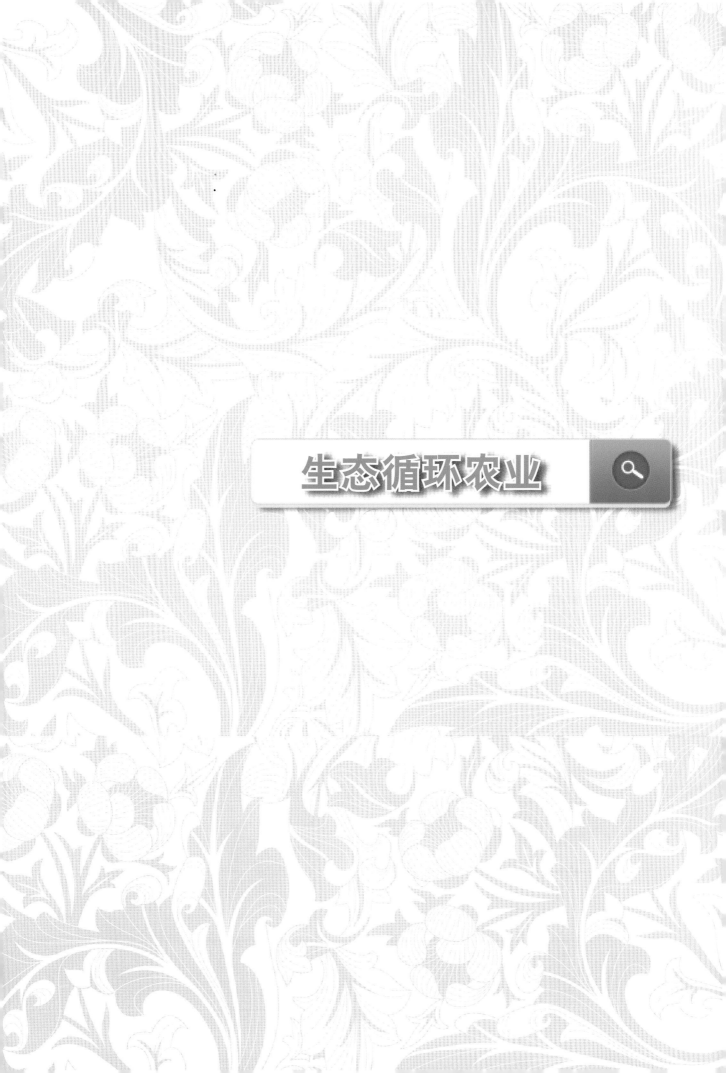

生态循环农业

强化生态循环农业技术支撑

一、发布《农业绿色发展技术导则（2018—2030年）》

2018年7月，农业农村部印发了《农业绿色发展技术导则（2018—2030年）》，提出构建农业绿色发展技术体系的7个主要攻关任务，并围绕攻关任务，按照重点研发一批、集成示范一批、推广应用一批等3个层次，分别提出了今后要着力解决的任务清单。通过全面构建农业绿色发展技术体系，引领全国科技人员调整科研方向，优化资源布局，把科技创新的重点转变到注重质量和绿色上来，推动农业农村经济发展实现质量变革、效率变革和动力变革，为生态循环农业发展提供了技术支撑。

二、构建生态循环农业示范带动体系

自2014年以来，农业部启动建设了12个现代生态农业示范基地，从区域突出环境问题入手，以新型农业经营主体为主体，因地制宜地配置低碳循环、节水、节肥、节药和面源污染防治的技术和设施，总结梳理了南方水网区水体清洁型、西南丘陵区生态保育型、北方集约化农区清洁生产型、西北干旱区节水环保型、黄土高原区果园清洁型、大中城郊生态多功能型等六大区域现代生态农业模式，向全国推广。截至2018年，农业农村部开展了3个生态循环农业试点省、10个循环农业示范市、102个国家级生态农业示范县、283个国家现代农业示范区、40个国家农业可持续发展试验示范区（农业绿色发展先行先试区）、200个农业综合开发区域生态循环农业项目、1 100个美丽乡村试验示范建设，初步建成省、市（县）、乡、村、基地5级生态循环农业示范带动体系。

专栏26：海南自由贸易试验区（港）打造绿色生态循环农业创新发展模式

2018年9月，党中央、国务院批复了《中国（海南）自由贸易试验区总体方案》。根据方案总体要求和指导思想，海南省将生态文明理念贯穿自贸试验区建设全过程，积极探索自贸试验区生态绿色发展新模式。海南神州新能源建设开发有限公司以当地畜禽粪污、秸秆、餐厨垃圾、城镇粪渣4大类有机废弃物作为原料，生产生物天然气、沼渣沼液有机肥，探索绿色生态循环农业创新发展模式。

海南省副省长刘平治在海南神州新能源建设开发有限公司调研

专栏27：云南省实施洱海流域废弃物资源化综合利用全产业链模式

2018年，云南省大理州人民政府出台了《关于开展洱海流域农业面源污染综合防治打造"洱海绿色食品牌"三年行动计划（2018—2020年）》《关于进一步加强洱海流域农作物绿色生态种植工作的指导意见》《大理市洱海流域畜禽粪便收集处理监管及奖补实施办法（试行）》《关于提高大理市洱海流域畜禽粪便收集补助标准的批复》，推进洱海流域废弃物资源化综合利用。云南顺丰洱海

洱海流域废弃物资源化利用有机肥加工厂

环保科技股份有限公司以洱海流域废弃物资源化利用为核心，对洱海流域畜禽粪便、公厕粪便、农作物秸秆、餐厨垃圾、洱海水葫芦、污水厂污泥等废弃物开展资源化利用。在洱海流域的大理市、洱源县建成了4座大型的有机肥加工厂、25座大型畜禽粪便收集站以及多个非固定式的收集站点，实现了洱海流域畜禽粪便等废弃物收集处理全覆盖。

指导生态循环农业工程项目建设

一、开展果菜茶有机肥替代化肥技术模式示范

2018年9月，农业农村部发布《果菜茶有机肥替代化肥技术指导意见》，总结形成了柑橘四大施肥模式，即有机肥+配方肥、绿肥+自然生草、果-沼-畜、有机肥+水肥一体化等模式；苹果四大施肥模式，即有机肥+配方肥、果-沼-畜、有机肥+生草+配方肥+水肥一体化、有机肥+覆草+配方肥等模式；设施蔬菜四大施肥模式，即有机肥+配方肥、菜-沼-畜、有机肥+水肥一体化、秸秆生物反应堆等模式；茶树三大施肥模式，即有机肥+配方肥、茶-沼-畜、有机肥+水肥一体化等模式。聚焦优势产区，先后分两批选择150个果菜茶生产和畜牧养殖大县开展有机肥替代化肥试点工作。

"绿肥+自然生草"施肥模式

"有机肥+水肥一体化"施肥模式

二、加强国家农业可持续发展试验示范区联系指导

2018年3月，农业部办公厅出台《关于建立第一批国家农业可持续发展试验示范区（农业绿色发展试点先行区）联系指导工作机制的通知》，提出依托农业部规划设计研究院、农业部管理干部学院、农业部农业生态与资源保护总站、农业部社会事业发展中心、中国农业科学院农业经济与发展研究所、中国农业科学院农业资源与农业区划研究所等部属单位，发挥其政策、技术、人才等优势，开展国家农业可持续发展试验示范区联系指导工作，时间暂定从2018年开始、至2020年底结束。

联系指导任务，包括传达中央关于农业绿色发展和可持续发展的决策部署及相关文件精神；指导编制农业绿色发展先行先试工作方案，开展相关领域试验示范和体制机制创新；深入开展调查研究，提出工作建议；梳理总结试点经验和典型模式；加强工作调度，督促试验示范区加快建设进度5个方面。

农业农村部生态总站承担了湖北省咸宁区、北京市顺义区、天津市武清区、湖北省宜昌市夷陵区、四川省自贡市荣县、青海省海北州刚察县、新疆生产建设兵团石河子总场等8个国家农业可持续发展试验示范区（农业绿色发展试点先行区）的联系指导工作，并围绕5个重点内容、12项重点任务稳步推进各项工作，取得了初步成效。

> **专栏28：湖北省主推果-菜-茶沼肥替代化肥关键技术**
>
> 2018年，湖北省分别在鄂州市、罗田县和枣阳市开展果-菜-茶沼肥替代化肥重大关键技术试点示范。经过试验测算，在施沼肥对比施化肥方面，罗田

> 县蔬菜每亩增产250千克，枣阳市桃园每亩增产150千克，年增收280万元。枣阳市每亩化肥使用量从0.9吨下降到0.4吨，年沼肥替代化肥5 000吨，化肥替代率66%；每亩农药使用量从1.5千克下降到1千克，减少农药用量5 000千克，农药使用量减少33%。鄂州市果园、菜园、茶园施用沼渣沼液替代或减少化肥比率为55.2%。

建设现代生态农业示范基地

一、开展示范基地建设成效考核

2018年，农业农村部生态总站组织专家对12处现代生态农业示范基地进行了阶段考核，并形成考核意见下发到建设单位，意见指出了基地建设中的劣势、优势和未来发展建议。从2014年起，农业农村部先后在山西、内蒙、辽宁、浙江、山东、河南、湖北、安徽、重庆、贵州、甘肃、陕西等12个省份，依托农民专业合作社、农业产业化龙头企业、农业园区管委会、家庭农场等新型经营主体，建设了12处现代生态农业示范基地，组织开展试点示范和推广应用，总推广面积达2 173万亩，总经济效益达22.7亿元，打造了一批农业绿色发展的先进样板，探索出有效的现代生态循环农业运行机制。

二、梳理总结现代高效生态农业关键技术

2014—2018年，农业农村部生态总站依托现代生态农业示范基地，因地制宜探索组装或试验单项技术，总结出30项现代高效生态农业关键技术清单，并编制了相应的现代高效生态农业技术规范，包括2项农田生态强化技术、4项生态农业管理技术、4项绿色防控技术、4项共生型技术、14项田间清洁生产技术以及2项其他配套技术，覆盖山区茶园、农田投入品、生态景

观、稻田综合种养以及农业废弃物循环利用等方面。

现代高效生态农业关键技术清单

序号	技术类别	数量	技术清单
1	农田生态强化技术	2	农田生态沟渠建造技术、集约化农田景观营造技术
2	生态农业管理技术	4	生态果园管理技术、生态梨园生产技术、一年两熟北方集约化农田社会化体系建设技术、五配套能源生态技术
3	绿色防控技术	4	生物多样性绿色防控技术、生态果园木醋液施用技术、生态果园木焦油施用技术、设施蔬菜无农药残留生产技术
4	共生型技术	4	规模化稻虾共作生态种养技术、规模化葡萄园套草养鸡技术、双季稻区鸭稻（肥）共作技术、海鲈-蔬菜共生技术
5	田间清洁生产技术	14	区域秸秆全量化利用技术、生态茶园清洁生产技术、北方集约化农田小麦-玉米清洁生产技术、生态农场种养废弃物联合堆肥技术、设施农业固体废弃物堆肥技术、秸秆吸附固持畜禽养殖污水与堆肥技术、生态果园沼肥施用技术、小麦-玉米农田沼渣沼液施用技术、小麦-玉米有机无机肥配施技术、日光温室水肥一体化操作技术、设施栽培秸秆轻简化高效还田技术、玉米秸秆还田腐熟剂施用技术、玉米-土豆轮作模式下两高两控覆膜栽培技术、西北地膜覆盖一膜多用生产技术
6	其他	2	配套能源生态技术谷子生态轻简栽培技术、生态园区无公害农产品（黄瓜、马铃薯、豇豆和青菜）生产技术

2018年8月，农业农村部生态总站在山东省齐河市举办"现代生态农业基地建设培训班"，来自山东齐河、甘肃金川等5个基地的代表做了典型发言，参训学员实地观摩了山东齐河基地宋

2018年现代生态农业基地建设交流研讨会

坊农场。12月，农业农村部生态总站在陕西省延川县召开现代生态农业基地建设交流研讨会，高尚宾副站长出席会议并讲话，邀请12个基地代表做了典型交流，组织开展了同行评议和专家指导，与会代表还观摩了延川种养结合、菜-沼-畜和果-沼-畜模式以及千亩生态果园水肥一体化工程。

2013—2018年，农业农村部生态总站围绕现代生态农业基地建设，组织召开各类技术模式与政策培训班、技术研讨会、年度总结会30余次，培训生态农业经营主体300余家和生态农业技术人员3 000余人次。

秸秆综合利用

完善秸秆综合利用政策措施

2018年，各地在充分落实现有秸秆综合利用政策的基础上，不断创新创设，打通关键节点，创设了一批新的秸秆综合利用政策措施。

山西省第十三届人民代表大会常务委员会第五次会议通过《关于促进农作物秸秆综合利用和禁止露天焚烧的决定》，规定县级以上人民政府要将秸秆综合利用资金纳入本级财政预算，加大财政资金投入力度；要落实秸秆综合利用的用地、用电、税收、信贷、交通等优惠减免政策；不分购置主体，凡是用于秸秆打捆、捡拾、固化成型等农机全部纳入农机补贴范围等。

四川省政府办公厅印发《四川省支持推进秸秆综合利用政策措施》，从财政、税收、金融、土地、电力、科技等6个方面，提出14条具体支持政策。省农业农村厅、生态环境厅、发展改革委联合印发《关于切实做好农作物秸秆综合利用和禁烧工作的通知》，对推进秸秆综合利用、加强秸秆禁烧综合管理、建立秸秆综合利用和禁烧工作长效机制作出安排和部署。各地积极推进政策落地落实，成都、德阳、遂宁等地出台了"按还田面积、按利用数量"的财政补贴政策和农机购置累加补贴政策，广汉、阆中等地出台了秸秆综合利用补贴政策，补贴内容和环节涵盖就地还田、收集运输、机具购置、加工利用等众多方面。

安徽省印发《安徽省农作物秸秆综合利用三年行动计划（2018—2020年）》《安徽省支持秸秆综合利用产业发展若干政策》《安徽省秸秆综合利用专项考核办法（试行）》等一系列文件，明确秸秆综合利用阶段性发展目标、重点任务、重点工程、考核指标及考核方式，强化扶持优惠政策；深入推进秸秆综合利用现代环保产业示范园区建设，形成企业和项目集聚效应，推动秸秆综合利用集中化、产业化、循环化、持续化发展。

黑龙江省政府办公厅印发《哈尔滨市、绥化市和肇州县、肇源县秸秆综合利用三年行动计划》，对两市、两县新建农林生物质热电联产项目、堆沤造肥、秸秆还田作业、秸秆还田离田机具购置、秸秆固化成型燃料站建设、原料化加工企业新建、生物质锅炉改造等采取市场化运作加政府补贴的方式，并建立了详细的财政补贴标准清单，争取到2020年，重点地区秸秆基本实现全部转化利用。

辽宁省将秸秆综合利用工作列为大气污染防治九大工程之一，并将秸秆利用率纳入省政府绩效考核系统。2018年，省政府办公厅印发《辽宁省秸秆焚烧防控责任追究办法》，完善了省、市、县、乡、村秸秆焚烧逐级问责机制，强化依法管控，有效遏制了秸秆焚烧，实现了用禁相促、疏堵结合。

河北省政府制定《河北省大气污染综合治理工作考核问责办法》，将秸秆综合利用率作为一项重要指标，纳入对地方政府的考核内容。在政策上，省发展改革委对秸秆综合利用项目给予优先安排；电网公司全额收购生物质发电电量，落实0.75元/千瓦时标杆上网电价；省自然资源厅将秸秆收集存储用地纳入设施农用地中的附属设施用地，将秸秆综合利用、生物质发电等环保项目纳入各地土地利用总体规划，并积极做好项目用地预审等前期工作；金融部门把秸秆综合利用、可再生能源和清洁能源作为重点支持的方向和领域；税务部门对利用秸秆生产的纸浆、纤维板、生物炭、生物质压块、沼气等企业实行退税及所得税减免优惠政策；农村信用联合社开发了"农贷宝""商贷宝""致富宝"等特色产品，大力支持农作物秸秆综合利用。

加强秸秆综合利用财政支持

2018年，农业农村部会同财政部，投入中央财政资金15亿元，开展秸秆综合利用试点建设。各试点省共整合、带动各级财政资金投入75.78亿元，带动社会资本投入196.53亿元，为秸秆综合利用工作推进和产业壮大提供了有力的资金保障。

江苏省在用好中央财政试点补助资金的基础上，2018年省级财政共投入秸秆综合利用专项资金9.6亿元，并适当向试点县（市、区）倾斜。同时要求各试点县（市、区）整合统筹农业综合开发区域循环农业、省级现代生态循环农业试点县等相关资金，进一步带动秸秆综合利用工作。10个试点县共带动财政投入2亿元，提高了不同实施主体参与秸秆综合利用工作的主动性和积极性。

黑龙江省在中央财政试点补助资金的带动下，2018年省级财政整合相关资金近40亿元用于秸秆综合利用。在省级财政资金的撬动下，各地纷纷加大投入力度，推进秸秆综合利用深入开展。截至2018年底，全省市、县两级财政已投入16.85亿元扶持秸秆综合利用，为秸秆综合利用产业化发展提供了有力的资金保障。

安徽省形成秸秆综合利用和禁烧奖补、秸秆发电奖补、农机购置补贴、农业产业化发展基金等多元资金支持体系。安徽国元金融控股集团联合省农垦集团、省农业信贷融资担保公司和国元农业保险共同发起设立安徽省农业产业化发展基金有限公司，公司注册资本28亿元，采取"产业+基金""基地+基金"等模式，构建有效的农业投资机制，引导撬动金融及社会资本投入秸秆综合利用在内的农业产业化和现代农业发展。各试点项目的实施主体也不断加强自筹资金投入。截至2018年底，试点区域完成自筹资金投入1.9亿元，有效促进了秸秆综合利用产业能力的提升。

河北省不断拓宽项目融资渠道，整合"粮改饲"项目、区域循环农业、沼气工程等项目共计18.75亿元，鼓励支持地方政府和企业采取"PPP"等融资模式多渠道、多形式筹措资金10

亿多元，确保秸秆综合利用项目资金需求。省财政厅每年安排农业资源及生态保护补助资金6 300万元，开展秸秆能源化利用试点。另外，各试点县财政本级均安排了一定的秸秆综合利用项目保障工作经费。

吉林省农业农村厅与省财政厅联合印发《关于进一步推进秸秆还田技术指导意见》，指导各地统筹利用国家秸秆综合利用试点、黑土地保护利用试点和省保护性耕作试点项目资金，推进秸秆还田技术应用；2018年共整合各类资金3亿元，在全省推广保护性耕作1 000万亩。梅河口市投资3.5亿元推广生物质炉具，由企业免费提供并安装生物质炊事采暖炉，农户用3吨秸秆换取1吨秸秆颗粒，争取2020年实现全市6万农户全部使用秸秆固化颗粒燃料。

加强秸秆综合利用技术创新

2018年，各地不断加大技术模式的引进和创新，大力支持先进适用技术推广应用。

辽宁省组织沈阳农业大学、辽宁省农科院等科研部门联合开展技术攻关，解决了分区域秸秆机械化还田的技术模式和作业标准问题，攻克了生物质炉具"结焦"、秸秆沼气净化提纯等难题。同时，依托锦州合百意、铁岭众缘、抚顺佳热等公司研发出3种类型的秸秆直燃锅炉，分别采取多回程烟管排布燃烧、秸秆半气化逆向燃烧、无焰低氧层燃等先进技术，直接利用田间打捆的秸秆作为燃料，热效率高、节能环保、成本低廉、使用方便。

河北省制定了《秸秆还田机作业质量》和《机械化秸秆粉碎还田技术规范》等技术规范，夏季主推"小麦联合收获秸秆还田+贴茬直播"，秋季主推"玉米联合收获秸秆还田+深松（深翻）+精量播种"，因时而制，推动不同作物的秸秆肥料化利用工作。

吉林省组织省农科院、吉林农业大学等科

研院校在不同气候区开展玉米秸秆覆盖还田、秸秆深翻还田、富集还田、浅灭茬薄覆土还田4种秸秆还田技术模式试验示范；同时，加大各地成熟适用模式的总结梳理，并积极向全省推介。榆树市形成了"玉米秸秆全覆盖免耕还田模式"、"水田秸秆全量还田模式"和"秸秆能源生态模式"3种秸秆利用典型模式。梨树县倾力打造"梨树模式"，在玉米种植过程中形成了秸秆覆盖、土壤疏松、免耕播种与施肥、病虫草害防治的全程机械化技术体系。

> **专栏29：江西省出台秸秆还田地方技术标准**
>
> 2018年，江西省制订了《江西省农作物秸秆综合利用三年行动计划（2018—2020年）》，同时发布了秸秆还田首个地方标准——《机械化稻草还田技术规程》，明确规定了水稻联合收割机应安装稻草切碎或粉碎装置，留茬高度控制在15厘米以内，切碎稻草秸秆长度不超过10厘米，切碎长度合格率不小于90%，均匀抛洒田间，均匀度不小于80%。并要求进入还田范围内作业的农机手必须签订承诺书，按规程开展作业。

推进秸秆综合利用创新发展

一、提高秸秆综合利用率

2018年，农业农村部在全国已建成241个试点旗（县）。除内蒙古科左中旗、巴林右旗等少数试点旗（县）外，所有试点旗（县）秸秆综合利用率均达到90%以上或较2017年提高5个百分点，带动各试点省秸秆综合利用率整体提升。其中，河北、山西、江苏等省秸秆综合利用率稳定在90%以上，安徽、山东、河南、四川、陕西等省秸秆综合利用率都稳定在86%以上。

二、提升秸秆还田能力

2018年，农业农村部在农作物秸秆总体产量大的省份和环京津地区开展试点工作，建设整县推进的秸秆综合利用试点县168个。截至2018年底，12个试点省的168个试点县秸秆还田主体数量达到39 410个，较2017年增加3 609个；秸秆还田机械保有量达到24.7万台套，较2017年增加1.32万台套，显著提升了试点县的秸秆还田能力。所有试点县共实现秸秆还田面积8 852万亩，较2017年提升了672万亩，充分发挥了秸秆还田在耕地质量提升方面的重要作用。

三、提升秸秆收储能力

2018年，168个试点县从事秸秆专业化收储的主体数量达到4 577个，较2017年增加1 092个；秸秆捡拾打捆机保有量达到1.59万台，较2017年增加近6 000台；秸秆收储点面积达到71.56万亩，较2017年增加了25万亩，极大提升了试点县秸秆专业化收储能力。168个试点县秸秆总收储量达到2 873万吨，较2017年增加788万吨，增长幅度为38%，为秸秆加工利用产业提供了有效的原料保障。

四、拓展秸秆综合利用能力

2018年，168个试点县秸秆利用主体数量达到8 780个，较2017年增加1 089个；其中，年利用量达到5万吨以上的企业159个，较2017年增加61个。通过秸秆综合利用主体的培育壮大，极大地带动当地秸秆综合利用产业的快速发展。试点县秸秆总利用量达到4 442万吨，较2017年增加604万吨，增幅达到16%；秸秆综合利用总产值达到182亿元，较2017年增长32%。

五、强化秸秆利用技术培训

2018年，在中央财政项目的带动下，各试点省份共组织不同层次的技术培训4 470次，累计培训农户、企业、合作社、家庭农场等不同对象381 089人次。通过宣传培训，不断提高各实施主体对秸秆综合利用的认知度和参与度。

六、强化秸秆利用宣传引导

2018年，农业农村部积极组织各地开展秸秆综合利用系列标志性活动，邀请人民日报、新华社、中央电视台、农民日报、经济日报等中央和地方媒体，深入发掘亮点和典型，讲好秸秆利用故事；其中，10月21日《新闻联播》就秸秆综合利用试点工作作了快讯报道。据不完全统计，截至2018年底，12个秸秆综合利用试点省共开展报道1 681篇，其中在中央媒体报道78篇，地方媒体报道了1 603篇，在全国形成了多方参与、共同推动秸秆综合利用的良好氛围。

专栏30：黑龙江省推进秸秆燃料化利用

2018年，黑龙江省人民政府办公厅印发《关于印发哈尔滨市、绥化市和肇州县、肇源县秸秆综合利用三年行动计划的通知》，对秸秆压块站建设和户用生物质炉具安装给予一次性补助，共下拨省级补助资金5.83亿元。截至2018年底，全省建成秸秆压块站915个，生产秸秆成型燃料80万吨，安装户用生物质炉具5.42万台。据初步统计，全省建成和在建的秸秆压块站已收储2 300个行政村的秸秆710万吨，成为离田利用秸秆的一个重要渠道。

专栏31：辽宁省加快推广秸秆打捆直燃集中供暖技术

2018年，辽宁省将秸秆打捆直燃供暖技术纳入《辽宁省推进清洁取暖三年滚动计划（2018—2020年）》《辽宁省推进清洁取暖工作实施方案（2018—2021年）》等重要政策文件，对秸秆打捆直燃集中供暖试点锅炉造价补贴50%，已建设秸秆打捆直燃供暖试点79处，总吨位数149.7吨，供暖面积68.6万平方米。目前，试点中单体锅炉供暖实际使用面积最大为7.3万平方米，年利用秸秆2.3万吨，可节约标准煤1.5万吨，而且排污程度远远低于燃煤锅炉。经测算，使用秸秆采暖每平方米1个采暖期可以比煤节约成本2～5元（因煤炭价格不同而不同）。一个供暖1万平方米的2吨位锅炉一个供暖期可利用1 000亩地的秸秆。

开展国际履约与谈判

2018年，农业农村部组织专家赴德国参加全球农业温室气体联盟活动，交流农业温室气体减排政策和技术，构建区域农业应对气候变化合作平台。

近年来，农业农村部在国家发展改革委、生态环境部的统一协调下，具体承担了全球农业温室气体研究联盟的相关工作。组织成立了全球农业温室气体研究联盟专家组，建立了联盟下畜禽、农田、水稻、综合工作组的专家工作团队，多次参加4个工作组的研究和交流活动，了解并反馈国际农业温室气体研究最新动向，积极研究、参与联盟相关规则制定，对外展示我国农业应对气候变化科技成果，发出我国农业科技界关于温室气体减排活动的声音。

应对气候变化国内措施

一、举办业务技术培训

2018年，农业农村部生态总站围绕应对气候变化组织举办了一系列技术业务培训班，组织相关领域人员赴国外参加培训考察。9月，在广西壮族自治区北海市举办农业绿色发展与农村清洁能源建设培训班，来自全国16个省份农业环能系统的管理和技术人员与相关科研教学单位200多名代表参加了培训。12月，在江西省新余市举办气候智慧型主要粮食作物生产项目管理培训班，分享项目实施2年来的成果与经验，探索农业适应气候变化的发展模式和政策创新，共同探讨气候智慧型农业发展。

二、开展国际技术合作交流

2018年，农业农村部先后组织人员赴法国参加ISO/TC255第三次会议，赴德国参加外国专家局"农业废弃物资源化利用和农村清洁能源综合利用技术培训"培训项目，赴意大利参加全球重要文化遗产国际论坛、第二届生态农业国际研

讨会，赴菲律宾参加亚洲清洁能源论坛，赴美国执行生态循环农业建设交流任务和气候智慧型农业技术交流任务，赴美国、加拿大执行面源及重金属污染防治政策与技术交流任务，赴英国参加中英农业绿色发展研讨会，赴英法执行肉牛生态产业链技术交流任务，参与商务部农业技术援助项目，赴巴布亚新几内亚、密克罗尼西亚进行农业技术援助项目验收，拓展国际业务和合作空间，提升我国国际影响力。

农业绿色发展与农村清洁能源建设培训班

应对气候变化国际项目

一、组织实施农业行业甲基溴淘汰项目

1.编制技术规范

2018年，农业农村部生态总站组织编制了《黄瓜作物的良好农业规范》《生姜作物的良好农业规范》，进一步规范了土壤消毒技术在高附加值作物生产中的应用。

2.开展土壤消毒技术推广培训

2018年11月，农业农村部生态总站在云南省文山市举办"土壤消毒技术与设施农业绿色发展培训班"，邀请专家介绍三七产业发展情况和三七连作障碍防治关键技术研究及应用，并分享土壤消毒防治土传病害的原理、做法和经验，观摩学习土壤消毒防治三七土传病害的效果，极大地推进了项目技术成果的推广应用，促进了三七产业的可持续发展。

3.多形式宣传项目成果

2018年9月，农业农村部生态总站组织在CCTV 13新闻直播间播出了"我国完成联合国农业绿色发展项目 实现淘汰甲基溴履约承诺"，进一步宣传和推广了项目成果；11月，在农民日报和中国农业信息网上刊登了《还世界一片蓝天沃土——农业行业甲基溴淘汰项目十年纪实》的专题报道，详细阐述了项目实施中的技术和制度创新；12月，在中国环境报刊登了《履约十载，农业绿色转型翻开新篇章》的专题报道，介绍了履约10年的工作及成效；设计并广泛印发了项目宣传册《中国农业行业甲基溴淘汰项目十年回顾——可持续履约与农业绿色发展的生动实践》。

4.按计划推进项目收尾和评估工作

2018年，农业农村部生态总站与农业行业甲基溴淘汰项目办公室制订了《2018年山东省关键用途豁免甲基溴跟踪管理方案》，对批准的87.24吨关键用途甲基溴豁免量在山东进行按需分配，监管使用效果，开展了番茄的土壤消毒技术示范与成果评价。在河北、吉林、云南分别开展山药、人参和三七的土壤消毒技术推广效果跟踪评估。评估显示该技术有效控制了土传病害，提高了作物产量，效果显著。

12月，联合国工业发展组织、生态环境部和农业农村部在山东省济南市共同举办了农业行业甲基溴淘汰项目总结会。会议回顾了2008—2018年农业行业甲基溴淘汰的10年艰辛历程和取得的成效，分享了不同利益方代表的10年收获与感悟，同时向为项目作出突出贡献和努力的单位和个人颁发荣誉证书。项目成果得到了农业农村部科技教育司、生态环境部环境保护对外合作中心、联合国工业发展组织的相关领导和专家的高度肯定。

2008—2018年，农业农村部以我国政府承诺的农业行业甲基溴履约替代任务和替代后产业发展与农民生计保障为总目标，克服了甲基锡替代药品和技术体系缺乏、施药装备产品空白、农民环境保护意识薄弱以及经济作物快速发展带来的对甲基溴的旺盛需求带来的履约新压力；在各地和各级部门的高度重视下，健全项目工作组织体系，强化技术攻关创新，抓好农民教育培训，构建多元化项目推动机制，建立了177个甲基溴替代示范户，累计组织培训123期、3万余人次，通过广播、电视、报纸、挂图等方式宣传受众超过200万人次，建立并完善了具有中国特色的甲基溴替代土壤消毒技术和制度体系，推动了甲基溴替代产品的规范化，提升了广大农民发展环境友好型农业的意识，培育了新型农业社会化服务组织，圆满完成了淘汰890吨甲基溴在农业生产上应用的任务，实现了甲基溴替代履约工作的总目标，探索了可持续履约与农业绿色发展和谐共赢的新模式。

农业农村部发布公告，自2019年1月1日起，全面禁止甲基溴在农业生产上的应用。

二、气候智慧型主要粮食作物生产项目

1.加强技术应用示范

2018年，农业农村部生态总站在2个项目区开展了5.6万余亩的化肥、农药减量施用和2 000余亩的优化灌溉技术示范应用，取得了节水节能、减肥减药的良好效果。在项目区开展农田林网建设及成片造林活动和机械化秸秆还田。依托相关高校和科研院所，在小麦-水稻、小麦-玉米作物生产系统开展了固碳减排新材料、新模式及保护性耕作技术示范活动，筛选出硝化抑制剂等减排新材料，形成了水稻-绿肥、稻鸭共生、小麦-大豆、秸秆还田与免耕等技术模式。

5月，世界银行团队及土壤专家Rattan Lal教授对河南省叶县和安徽省怀远县2个项目区的实施效果和影响进行了综合评估，并给予较高评价。根据中期评估调整建议，增加保护性农业试验示范、水肥一体化示范、生态拦截示范、气候适应性种植技术等新活动。依托项目产生的《气候智慧型小麦-水稻生产技术规程》《气候智慧型

小麦-玉米生产技术规程》《气候智慧型作物生产计量与监测方法规程》正式列入农业农村部行业标准支持项目，该标准颁布将极大提升项目在中国农业领域的影响力。

2. 开展技术培训和宣传

农业农村部生态总站通过开展气候智慧型主要粮食作物生产项目试验示范，总结了相关作物固碳减排的实用技术、产品、新材料和有效机制，形成了可用于指导中国作物减排的基本理论和技术模式。同时，组织编写作物生产技术操作规范，设计项目宣传挂图，以通俗易懂的方式在行业体系和项目区群众间进行广泛推广。

2014—2018 年，农业农村部生态总站和气候智慧型主要粮食作物生产项目办公室采用课堂集中培训、田间咨询、现场观摩等形式，累计举办各类培训班 20 余期，培训 3 100 余人次；在 2 个项目区建立了 30 个村级培训平台，并为培训平台采购了教具。聘请专家多次赴项目区进行调研指导，提供全方位服务。

自 2014 年 9 月气候智慧型主要粮食作物生产项目启动以来，项目依托安徽省怀远县和河南省叶县 2 个示范区，围绕水稻、小麦、玉米 3 种粮食作物，通过开展减排技术示范、固碳技术示范、新技术与新模式筛选试验示范以及农民参与式培训等，累计示范应用固碳减排技术 4 400 余公顷，固碳减排 75 212 吨 CO_2 当量。

气候智慧型主要粮食作物生产项目管理培训班

气候智慧型主要粮食作物生产项目管理培训班现场

三、GEF-6 "中国农业可持续发展伙伴关系项目"

2018 年，农业农村部组织编制 GEF-6 "中国农业可持续发展伙伴关系项目"文本。该项目包括 5 个子项目，涵盖品种资源保护、外来入侵物种防控、气候智慧型草原生态系统管理 3 个方面。主要目标是通过示范和推广有效的政策和投资措施，促进全球粮食和农业遗传资源的原生境保护和可持续利用的主流化，增强对外来侵入物种的预防、控制和管理，促进基于实证的气候智慧型草原生态系统管理，在气候变化与生物多样性领域实现政策、机制、知识共享和伙伴关系等方面的协同创新，支撑联合国《2030 年可持续发展议程》和我国《全国农业可持续发展规划（2015—2030 年）》，对实现全球环境效益具有重要意义。

农业农村部生态总站牵头负责"中国起源作物基因多样性农场保护与可持续利用项目""外来入侵物种防控项目""气候智慧型草原生态系统管理项目"的文本编制工作。4 月，在北京举办了中国农业可持续发展伙伴关系项目文本编制启动会，明确了项目文本编制的要求及进度安排；11 月，在北京举办中国农业可持续发展伙伴关系项目文本审议研讨会，审阅项目准备进展、项目产出及活动设计，形成了初步的项目文本。

专栏32：农业行业甲基溴淘汰项目总结会在山东济南举办

2018年12月，联合国工业发展组织、生态环境部和农业农村部在山东省济南市联合举办了农业行业甲基溴淘汰项目总结会。农业农村部科技教育司副司长李波、生态环境部环境保护对外合作中心副主任余立风、农业农村部生态总站副站长吴晓春、联合国工业发展组织高级顾问Antonio Sabater等出席会议并讲话。山东省农业环境和农村能源总站、河北省农业环境保护监测站、中国农科院植保所和农业行业甲基溴淘汰项目办公室的代表分别就10年工作进行了总结回顾。项目实施省份的相关部门负责同志及参加项目的科研院所、大专院校、企事业单位代表130余人参加了会议。

农业行业甲基溴淘汰项目总结会